MONIKA WEGLER GABRIELE LINKE-GRÜN
TYPISCH
ZWERGKANINCHEN
Der Schlüssel zur Seele Ihres Kaninchens

INHALT

6. MIT ZWERGEN LEBEN 70

7. ALLES GESCHMACKSACHE 86

8. SAUBER UND GEPFLEGT 96

9. SPASS UND ABENTEUER 106

10. DIE ZWERGEN-KINDERSTUBE 120

ANHANG

IMMER IN BEWEGUNG

Hoppeln, rennen, Haken schlagen, graben, klettern, springen und sogar schwimmen – das sind die körperlichen Fähigkeiten des Kaninchens. Damit ist es in der Lage, sich verschiedenste Lebensräume in der Natur zu erobern.

TOLLE LEISTUNGEN Über kurze Strecken erreichen Kaninchen eine Geschwindigkeit von 40 Stundenkilometern. Sie können aus dem Stand über einen Meter hoch springen. Beim Hakenschlagen sind sie in der Lage, sich um 180 Grad in der Luft zu drehen und so blitzschnell ihre Laufrichtung zu ändern. Es wurden Kaninchen in der

Natur beobachtet, die Wasserflächen von 40 Meter Breite durchschwammen und solche, die in einem Überschwemmungsgebiet ihre Unterschlüpfe – zwei Meter über dem Boden – in hohlen Kopfweiden anlegten und über schräg stehende Baumstämme in ihre Höhlen kletterten.

DER KANINCHEN-BAU WIRD ERWEITERT

Der Wildkaninchen-Bau liegt an einem kleinen Hügel inmitten der Heidelandschaft. Hier bietet der lockere, aber nicht zu sandige Boden den Tieren ideale Bedingungen zum Graben der winkelförmigen und geraden Gänge, die zum Kessel, dem Wohnzimmer der Kaninchen, führen. Je nach Größe des Baus entsteht mit der Zeit ein weit verzweigtes Tunnelsystem mit mehreren Ein- und Ausgängen. Heute wird der Bau in der Heide wieder einmal erweitert, denn die Kaninchen-Kolonie hat sich vergrößert. Zum Glück ist das nicht die Arbeit eines einzelnen Tieres. In der Heide betätigen sich gleich fünf Kaninchen an dem Röhren-Neubau. Eifrig wird mit den Vorderpfoten die Erde losgekratzt und mit den kräftigen Hinterpfoten nach hinten weggeschleudert. Das Graben ist den Kaninchen angeboren, dieses Verhalten muss also nicht erst erlernt werden. Das bewies Verhaltensforschern ein einfacher Versuch: Man setzte Stallkaninchen, die noch nie Erde unter den Pfoten hatten, in einem Freigehege aus. Schon kurze Zeit später begannen die Tiere mit den Grabearbeiten. Doch offenbar spielt die Erfahrung bei der Anlage der Röhren und Kessel eine gewisse Rolle. »Alte Hasen« wissen eben manchmal mehr als junge. Übrigens beginnen Wildkaninchen erst mit der Geschlechtsreife ihre Grabetätigkeit, wobei trächtige Weibchen besonders intensiv und ausdauernd arbeiten. Ein einzelnes Tier ist in der Lage, in einer einzigen Nacht eine bis zu 1,80 Meter lange Röhre herzustellen. Die fünf Kaninchen in der Heide haben fleißig »geackert«. Jetzt ist Ruhe angesagt.

Rexzwergwidder Havanna mit Weiß. Das Kaninchen »im Lammfell« lebt, zusammen mit Artgenossen, in einem geräumigen Freigehege .

IM SPRINGEN EINE GLATTE EINS

Wie gut Kaninchen springen können, zeigt bereits das Aufmacherfoto dieses Kapitels. Die kleinen Pelztiere bringen es auf über einen Meter Sprunghöhe, und auch ihre Sprungweite mit etwa einem Meter kann sich sehen lassen. Höchstleistungen in puncto Springen zeigt ein Kaninchen vor allem auf der Flucht beim Hakenschlagen. Während der Luftsprünge kann es sich drehen und so blitzschnell seine Laufrichtung ändern (→ Seite 49). Gesprungen wird jedoch nicht nur beim Flüchten, sondern auch aus purer Lebensfreude, wie es scheint, und aus Fitnessgründen. Ebenso bei Streitereien untereinander, um sich auszuweichen und beim Paarungsritual, wenn die Häsin den Rammler mit allerlei Sprüngen und Haken hinter sich her lockt (→ Seite 124). Hat sich ein Feind Zugang zum Bau verschafft, kann sich ein Kaninchen sogar manchmal mit einem Sprung nach oben, durch eine senkrecht angelegte Fluchtröhre, retten. Wie sehr das Springen und Hakenschlagen zu den Grundbedürfnissen eines Kaninchens zählt, stellte ich schon vor vielen Jahren bei unseren ersten beiden Zwergkaninchen

Der Zwerg schnuppert an der steilen Felswand. Kann ein Kaninchen hier hochklettern? Nein, das ist unmöglich. Sanfte Klettertouren ja, aber Extremklettern nein.

Maxel und Minni fest. Die beiden lebten mit uns in der Wohnung. Ihr Käfig stand in einer ruhigen Ecke im großen, hellen Flur. Damals war leider noch sehr wenig über die artgerechte Haltung von Kaninchen als Heimtiere bekannt. Und so mussten unsere Zwerge die ersten beiden Wochen, ohne die Möglichkeit zum Freilauf, in ihrem »Gefängnis« ausharren. Zum einen hatten wir Angst, die Tiere nicht wieder einfangen zu können, wenn sie frei in der Wohnung liefen, zum anderen wussten wir nicht, wie wichtig Bewegung für Kaninchen ist (→ Seite 20). Doch dann taten uns die Kleinen leid, und schließlich waren sie inzwischen auch schon recht zutraulich. Wir öffneten die Käfigtür und erwarteten, dass Maxel und Minni, nach dem langen Eingesperrtsein, wie ein geölter Blitz aus dem Käfig schießen würden. Doch weit gefehlt. Zunächst traute sich nur Minni ganz vorsichtig über die »Türschwelle«, und dann folgte ihr Maxel – ebenfalls zögernd. Unbekanntes Terrain wird in Kaninchenkreisen mit besonderer Vorsicht betreten, denn dort, wo man sich nicht auskennt, kann man bei Gefahr nicht auf bekannten Pfaden ins sichere Heim flüchten. Doch Maxel und Minni eroberten sich schnell ihr erweitertes Revier und genossen die Bewegungsfreiheit von Herzen. Im Wohnzimmer lieferten sie sich manchmal wilde Verfolgungsjagden mit zirkusreifen Haken, und einige Wochen später hatten sie gelernt, abends zu mir auf die Couch zu hüpfen, um sich ein Stück leckere Möhre abzuholen. Übrigens mussten wir die beiden niemals einfangen, was unser Vertrauensverhältnis natürlich empfindlich gestört hätte. Der Käfig mit Häuschen blieb stets ihr sicheres Heim »erster Ordnung«, in das sie freiwillig zurückkehrten oder in das sie flüchteten, wenn mich meine Freundin mit ihrem Hund besuchte.

KEIN PROBLEM MIT LEICHTEN KLETTERTOUREN

Natürlich kann kein Kaninchen eine glatte Felswand hinaufklettern oder auf diese Weise den Gehegezaun überwinden. Doch es ist durchaus in der Lage, beispielsweise einen Steinhaufen zu erklimmen, auf schräg stehenden Baumstämmen und über Äste, die auf dem Boden liegen, zu klettern. Durch eine Kombination aus Springen und Klettern können Kaninchen auch so manches Hindernis überwinden.

INS WASSER NUR IM NOTFALL

An mehreren Tagen hintereinander verlässt ein Wildkaninchen regelmäßig gegen vier Uhr nachmittags seinen Bau, der sich in der Nähe eines Flusslaufs befindet. Es hoppelt die Uferböschung hinab, geht geradewegs ins Wasser und schwimmt zielstrebig zu der kleinen Insel inmitten des Flusses. Hier wachsen verschiedene Wildkräuter, deren Verlockung das Kaninchen anscheinend nicht widerstehen kann. Diese kleine Geschichte ist keineswegs erfunden, sondern hat sich tatsächlich so zugetragen. Aber warum nur dieses eine Kaninchen aus der Sippe »ins kalte Wasser springt«, um das besonders schmackhafte Futter zu genießen, bleibt sein Geheimnis. Vielleicht gehört es zu den Gourmets unter den Hopplern und nimmt dafür gern ein nasses Fell in Kauf, oder aber es kann einfach besser schwimmen als die anderen. Jedenfalls ist der Beweis erbracht: Kaninchen können schwimmen. Später gelang es Tierfilmern zu zeigen, dass Kaninchen ihr Leben schwimmend retten, wenn höchste Gefahr droht und kein anderer Fluchtweg mehr offen ist. Doch ihr Lieblingselement ist das Wasser sicher nicht. Zwar berichten auch einige Kaninchenhalter davon, dass ihre Tiere regelmäßig im Gartenteich baden. Die Regel ist das jedoch nicht. Und wer meint, er würde seinem Kaninchen mit einem kühlen Bad an heißen Sommertagen etwas Gutes tun, der irrt: Badeaktionen gegen den eigenen Willen bedeuten für Kaninchen Stress pur und bergen nicht zuletzt ein ziemlich hohes Erkältungsrisiko.

Mit den Krallen der Vorderpfoten hat das Kaninchen die Erde gelockert und gräbt nun weiter an der Röhre, die einen Durchmesser von etwa 15 Zentimeter hat.

HOPPLER UND RENNER

Die wohl bekannteste Fortbewegungsart des Kaninchens ist das Hoppeln – eine Bewegungsabfolge, die sich aus kurzen aufeinanderfolgenden Sprüngen zusammensetzt. Die langen und kräftigen Hinterbeine drücken dabei den Körper vom Boden ab. Am Ende der Sprungphase setzen die Vorderbeine auf, fangen das Gewicht des Körpers ab und stabilisieren ihn. Die Hinterbeine schwingen nach vorne und landen mit der ganzen Sohle vor den Vorderbeinen. Direkt danach beginnt der nächste Hoppelsprung. Hoppeln ist eine gemächliche Fortbewegungsweise. Ein hoppelndes Kaninchen fühlt sich sicher, ist entspannt und mit seiner Umgebung vertraut. Auch beim flüchtenden Tier stellt Hoppeln die Grundlage der Bewegung dar. Doch jetzt zündet das Langohr gleichsam den Turbo: Die Frequenz der aufeinanderfolgenden Sprünge erhöht sich deutlich, und die Sprungweite nimmt zu. Das Kaninchen drückt seinen Körper schneller und kräftiger vom Boden ab, die Vorderbeine werden fast waagerecht nach vorne geworfen, sodass der Körper für einen Moment nahezu vollständig gestreckt ist. Erreicht wird das durch die extrem elastische Wirbelsäule, die bei dieser Bewegung zuerst stark

gekrümmt und im nächsten Augenblick wieder vollkommen gestreckt wird. Gleichzeitig werden die Hinterbeine so weit wie möglich nach vorne geschwungen. Dabei landen die Füße nicht zeitgleich und parallel zueinander auf der Erde, sondern kurz nacheinander und versetzt. Je nachdem, ob zuerst der rechte oder linke Vorderfuß aufsetzt, spricht man vom Rechts- beziehungsweise Linksgalopp. Von den Hinterfüßen berühren auf der Flucht nur die Zehen den Boden, nicht aber die ganz Sohle wie beim gemütlichen Hoppeln. Wildkaninchen erreichen beim Flüchten eine Geschwindigkeit von fast 40 Stundenkilometern, können das Tempo aber nur über kurze Distanzen durchhalten. Große Strecken müssen Kaninchen aber auch fast nie zurücklegen, da sie sich selten mehr als 500 Meter vom Eingang ihrer Wohnhöhle entfernen (→ Immer in der Nähe des Baus, Seite 37). Zum Schluss noch ein Wort zu einer weiteren Fortbewegungsart des Kaninchens, dem sogenannten »Rutschen«. An den Äsungsplätzen der Wildkaninchen ist dieses Verhalten gut zu beobachten. Das Tier sitzt dabei ruhig am »gedeckten Tisch« und verzehrt vielleicht gerade Gras, Kräuter oder junge Saaten. Ist alles in seiner unmittelbaren Umgebung »abgegrast« und locken die nächsten schmackhaften Gräser ein Stückchen weiter, schiebt es seine Vorderbeine allmählich nach vorne. Dann erst »rutscht« es mit den Hinterbeinen nach.

1 Charlotte und Momo sind glücklich: Im neuen Sandhaufen des Freigeheges kann man herrlich graben. Charlotte legt gleich los.

WAS KANINCHEN WIRKLICH BRAUCHEN

Beim Anblick eines Zwergkaninchens schlägt das Herz vieler Tierfreunde höher. Nicht umsonst gehören die hübschen Minis zu den beliebtesten Heimtieren. Gerade für Kinder scheinen sie ideal zu sein, denn der Irrglaube, dass die Zwerge niedliche anspruchslose Tiere sind, die weder kratzen noch beißen, ist immer noch weit verbreitet.

Leider werden Zwergkaninchen häufig allein in viel zu kleinen Käfigen gehalten, fast ausschließlich mit Trockenfutter ernährt, müssen es ertragen, ständig herumgeschleppt zu werden, bekommen wenig oder gar keinen Auslauf, und das Zwergenheim wird nicht regelmäßig gereinigt. Von einem glücklichen Leben als Heimtier kann hier keine Rede sein. Auch wenn sie klein sind – Zwergkaninchen haben große

2 Momo beobachtet Charlotte, die neugierig in die Röhre schaut. Ein Holzbogen sichert den Tunnel nach oben ab.

3 Charlotte inspiziert den Tunnel und befindet ihn schließlich für »liegetauglich«. Hier lässt es sich aushalten.

Ansprüche, wenn es um ihr Wohlergehen geht. In ihnen stecken nämlich die gleichen Fähigkeiten und Veranlagungen wie in ihren Verwandten, den Wildkaninchen.

- Zwergkaninchen brauchen viel Platz, um ihren großen Bewegungsdrang ausleben zu können (→ Seite 16).
- Auf dem Speiseplan müssen gutes Heu, Frischfutter, Nagematerial und frisches Wasser stehen (→ Seite 86).
- Beschäftigung hält Körper und Geist fit (→ Seite 106).
- Ein sauberes Kaninchenheim ist eine wichtige Voraussetzung, damit die Tiere gesund bleiben.
- Während ihrer Ruhezeiten dürfen die Zwergkaninchen nicht gestört werden.
- Ein Häuschen als Rückzugs- und Zufluchtsort gehört in jedes Innengehege, eine Schutzhütte ins Außengehege.

SCHON GEWUSST?

- Ihr Bau ist für Wildkaninchen ein Ort der Geborgenheit, in dem sie schlafen und relaxen können und Schutz vor Raubtieren, Regen, Nässe und Kälte finden. Auch Zwergkaninchen brauchen einen solchen Platz.
- Für Wohnungskaninchen eignen sich Häuschen aus unbehandeltem Holz. Jeder Zwerg sollte sein eigenes Häuschen haben, in dem er sich bequem ausstrecken kann. Zwei Durchschlüpfe sind deshalb sinnvoll, weil dann kein Streithahn den anderen in die Enge treiben kann. Ein Flachdach dient gleichzeitig als Aussichtsplatz.
- Auch Zwerge, die nur stundenweise in einem Freigehege leben, brauchen einen Rückzugs- und Zufluchtsort.

Hannibal hat einen Apfel auf der Wiese entdeckt. Das Fallobst ist ein »gefundenes Fressen« für das Zwergwidderchen und schmeckt einfach köstlich.

OBERSTE GEBOTE

Gleich, ob Außengehege oder Käfig mit angeschlossenem Innengehege: Zur Traumwohnung und Wohlfühloase wird es nur dann für die kleinen Hoppler, wenn es all das zu bieten hat, was für eine gute Lebensqualität sorgt.

Platz Je mehr Platz den Tieren zur Verfügung steht, desto besser. Kaninchen sind Fluchttiere. Wie schrecklich müssen sie sich in einem kleinen Käfig-Gefängnis fühlen, wenn sie nicht jederzeit die Möglichkeit zum Hoppeln, Hakenschlagen und Rennen haben.

Gute Aussicht Wildkaninchen suchen zum Beispiel kleine Hügel auf, um sich einen besseren Überblick zu verschaffen. Auch die Zwerge lieben Aussichtsplätze. Im Innengehege sorgen etwa umgedrehte stabile Kartons dafür. Mit Ein- und Ausgang versehen, dienen sie gleichzeitig als Rückzugsort. Gerne »bestiegen« werden auch Korkhöhlen, dicke Rundhölzer, umgedrehte Terrakottatöpfe, biegsame Holzbrücken, umgedrehte Körbe, ein Baumstumpf oder große Steine. Im Außengehege lieben alle Kaninchen geschützte, erhöhte Plätze, wie etwa einen »Heuboden« in 80 Zentimetern Höhe, der beispielsweise über verschieden hohe Rundhölzer erreicht werden kann.
Relaxen Neben Häuschen im Käfig mit anschließendem Innengehege oder Schutzhütte im Freigehege gibt es in einem Wohlfühlgehege mehrere Relaxmöglichkeiten wie beispielsweise eine auf dem Boden liegende Amphore, die vielleicht sogar mit Heu oder – im Freigehege – zur Hälfte mit Sand gefüllt ist. Meine Zwerge lieben liegende Übertöpfe aus naturbelassenem Grasgeflecht als einen Ort der Entspannung und Knabberspaß zugleich. Auch Korkröhren, Tonröhren aus dem Baumarkt oder waschbare Stofftunnel aus dem Zoofachhandel finden großen Anklang. bei den kleinen Hopplern.

Graben Als ich wieder einmal die Eckcouch im Wohnzimmer nach vorne rückte, um den Teppich zu saugen, traf mich fast der Schlag. Unser Maxel hatte in der dunklen Ecke unbemerkt den Teppich aufgegraben und den bodenlangen Vorhang an dieser Stelle in Einzelfäden zerlegt. Aber wie kann man das angeborene Grabebedürfnis eines Wohnungskaninchens in geordnete Bahnen lenken? In einem Freigehege ist das kein Problem. Ein Kindersandkasten aus Holz mit einem Sand-Erde-Gemisch füllen, und schon sitzt »Häschen in der Grube« und buddelt, was das Zeug hält. Auch halb mit Sand oder Stroh gefüllte liegende Amphoren laden zum Graben ein oder aber ein kleiner Sand-/Erdhaufen. In der Wohnung haben sich handelsübliche Katzenklos mit Rand besonders gut als Buddelkiste bewährt. Gefüllt werden sie 10 bis fünfzehn Zentimeter hoch mit Spielzeugsand. Für die Abnutzung der Krallen sorgt beispielsweise eine Gehwegplatte auf dem Toilettenboden. Sollten die Zwergkaninchen allerdings am Kunststoff nagen, ist eine Holzkiste besser als Buddelplatz geeignet. Übrigens wälzen sich die kleinen Hoppler auch gern in der Kiste und schlafen darin.

Die Größten sind die Zwerge nicht, aber sie brauchen viel Platz zum Wohlfühlen.

Mini-Käfige und zu wenig Bewegung machen sie krank.

NACHGEFRAGT

Können Wohnungszwerge glücklich sein?

Ruth Morgenegg ist Leiterin der Nagerstation Obfelden. Sie betreut abgeschobene, ausgesetzte Tiere und vermittelt sie an verantwortungsbewusste Tierhalter.

Sind Sie der Meinung, dass man auch Wohnungskaninchen ein annehmbares Leben bieten kann?
Wenn man den Tieren genügend Raum zur Verfügung stellen kann, lässt sich mit Fantasie und Engagement auch in einer Wohnung ein Kaninchenparadies schaffen. Sie dort zu beobachten entschädigt für alle Mühe, die ein großzügiges, regelmäßig neu und gut strukturiertes Gehege mit Wurzeln, Ästen und sonstigen Materialien aus der Natur mit sich bringt. Allerdings ist die Haltung in einem gut gestalteten Außengehege, wo sie auch ihrem Bedürfnis zu graben nachkommen und alle Reize der Natur voll auskosten können, die artgerechteste.

Wie verhalten sich Tiere, die jahrelang falsch gehalten wurden und dann in Ihre Kaninchengruppe kommen?
Solche Tiere müssen erst einmal wieder sozialisiert werden, bevor sie in einer Gruppe glücklich leben können. Ein Einzeltier erlernt deshalb das Sozialverhalten neu mit nur einem einzigen Artgenossen, sonst wäre es überfordert. Die Tiere werden im Freien zuerst von uns animiert und unterstützt. Nach dieser wichtigen Vorbereitungszeit sind sie meist kaum wiederzuerkennen. Ihre Freude ist ein Dankeschön an uns Menschen.

Ist die Freilaufhaltung mit einem Kleintierschutzzaun als Sicherung eine Alternative zum fest installierten Gehege?
Man muss bedenken, dass auch die putzigsten kleinen Wollknäuel richtige Kaninchen sind, die vorwiegend nachtaktiv und am liebsten 24 Stunden täglich in Bewegung sind. Verhaltensstörungen – vor allem Aggressionen – sind in der Regel hauptsächlich in einer zu beengten Haltung anzutreffen. Eine große Bewegungsfreiheit ist deshalb eines der wichtigsten Grundbedürfnisse jedes Kaninchens.

KANINCHEN-WINTERSPORT: SCHNEEBUDDELN

Kalte Pracht Auf die beiden jungen Löwenkopfkaninchen Finchen und Anton, glückliche Bewohner eines Freigeheges mit Schutzhütte, wartet an diesem Morgen eine Überraschung: In der Nacht hat es heftig geschneit. Für die beiden der erste Schnee ihres Lebens. Finchen, die Mutige, setzt als Erste ihre Pfötchen auf die weiße Pracht. Der Schnee ist zwar kalt, aber auch herrlich weich. Und schon hat Finchen raus, wie viel Spaß man hier haben kann: Schneebuddeln ist angesagt. Die kleine Löwenkopfdame gräbt so eifrig mit den Vorderpfoten, dass ihre Ohren von einer Seite zur anderen fliegen und die Schneeflocken um sie herumtoben. In kurzer Zeit hat sie eine stattliche Höhle geschaffen.

Und was macht Anton? Er lässt buddeln – und zwar von Finchen. Ihm ist die Pflege seines Haarkleides wichtiger. Inzwischen schneit es schon wieder, und die Schneeflocken rieseln auf sein Fell. Gott sei Dank, dass Kaninchen, die das ganze Jahr über draußen leben, im Winter einen besonders dichten Pelz tragen. So muss Anton jetzt wenigstens nicht frieren. Doch plötzlich kommt ein unangenehmer Wind auf. Anton unterbricht seine Putzaktion und sucht Schutz in Finchens Schneehöhle. Die reicht für beide Kaninchen, und prima kuscheln kann man hier auch. Wie gut, wenn man ein Finchen hat ...

DAS LEBEN IN DER MINIZELLE Heute bin ich glücklich, bis vor Kurzem wollte ich lieber sterben. Über sechs Monate musste ich allein in einem winzigen Käfig leben. Dann wurde ich befreit. Jetzt wohne ich zusammen mit Flöckchen und Zizzi in einem großen Freigehege.

Damit ihr eine Ahnung bekommt, wie schrecklich mein Leben war, hier meine Geschichte:

Auseinandergerissen Von heute auf morgen trennte man mich von meiner Schwester. Ich kam in eine Familie, wo ich als als »lebendes« Spielzeug für die 6-jährige Tochter angeschafft wurde. Mein neues Zuhause war von nun an ein kleiner Käfig, dessen ehemaliger Bewohner vor Kurzem starb. In meiner Minizelle gab es lediglich einen Futternapf, eine Trinkflasche und etwas Einstreu. Sina, die 6-Jährige, holte mich anfangs ständig aus dem Käfig. Doch im Zimmer laufen durfte ich nicht, sondern musste mich die ganze Zeit von ihr auf dem Arm herumtragen lassen. Schon nach kurzer Zeit verlor Sina ihr Interesse an mir. Ab und zu stupste sie mich mit den Fingern durch das Käfiggitter an – das war's. Und so lebte ich mehr als ein halbes Jahr – ohne Freilauf im Zimmer und ohne eine Partnerin – in meinem kleinen Gefängnis.

KARLCHEN

Der Löwenkopframmler (9 Monate) hat einen Albtraum hinter sich. Er war das Spielzeug für ein kleines Mädchen, bekam keinen Freilauf und lebte in Einzelhaft. Doch dann kam auch sein Glückstag.

Vergessen Futter und Wasser bekam ich regelmäßig, und der Käfig wurde sauber gemacht. Ansonsten hatte man mich vergessen. Stundenlang nagte ich vor Langeweile am Käfiggitter. Ich hatte nur noch einen Gedanken: raus hier. Ich wollte rennen, hoppeln, springen, Haken schlagen – doch das blieb ein Traum. Meine Krallen wuchsen und wuchsen, bis ich mich fast nicht mehr schmerzfrei bewegen konnte.

Abgeschoben Für Sina existierte ich schon lange nicht mehr, und ihre Mutter ärgerte sich, dass sie mich versorgen musste. Eines Tages schoben sie mich ins Tierheim ab. Apathisch ließ ich die Untersuchung des Tierarztes und das Krallenschneiden über mich ergehen. Inzwischen war ich viel zu dick, aber ansonsten glücklicherweise körperlich gesund. Ich hätte auch offene Läufe, geschwächte Muskeln, Herzschwäche oder eine Knochenkrankheit davontragen können. Aber meine Seele, die war verletzt. Ich hockte weiterhin teilnahmslos in einer Käfigecke, bis zu jenem Tag: Eine Kaninchenhalterin suchte einen Partner für ihre beiden weiblichen Zwerge, die in einem großen Freigehege lebten. Sie wählte mich. Flöckchen und Zizzi akzeptierten mich, und ich fühlte mich endlich wohl. Mein Traum war wahr geworden ...

IM REICH DER SINNE

Wildkaninchen haben viele Feinde. Um sie rechtzeitig wahrzunehmen, sind scharfe Sinne gefragt. Gutes Riechen, Hören und Sehen garantieren ein perfektes Frühwarnsystem, auf das sich die Hoppler verlassen können.

BESTENS AUSGESTATTET Schon beim leisesten ungewohnten Geräusch geht ein Kaninchen in Habachtstellung. Es prüft durch »Männchen machen« sogar die höheren Luftschichten auf bekannte oder unbekannte Gerüche. Es registriert die kleinsten Bewegungen, und auch der Tastsinn ist bei den kleinen Hopplern gut ausgeprägt. Nur

so können sich Wildkaninchen, die wilden Verwandten unserer Hauskaninchen, auch bei Dunkelheit und in ihren unterirdischen Bauen zurechtfinden. Erwähnenswert ist ebenfalls der prima Geschmackssinn eines Kaninchens, der es durchaus als kleinen Feinschmecker auszeichnet (→ Seite 86).

DAS BLINDE KANINCHEN

Maxi und Moni stammen aus dem Tierheim. Seit fast vier Jahren leben sie zusammen mit drei Artgenossen in einem weitläufigen Außengehege. Vor einigen Monaten entdeckte ihre Besitzerin, dass Monis rechtes Auge eine milchig-weiße Trübung aufwies. Die niederschmetternde Diagnose des Tierarztes: Moni war auf dem rechten Auge erblindet. Die Ursachen für eine Erblindung sind vielfältig. Oft liegt eine Augenerkrankung zugrunde, die nicht rechtzeitig behandelt wurde, aber auch Entzündungen, Verletzungen, Tumoren und erbliche Dispositionen können zur Erblindung führen. Für Moni kam es dann noch schlimmer. Auch ihr zweites Auge verlor seine Sehkraft. Ist die Lebensqualität eines blinden Kaninchens nicht enorm eingeschränkt? Und wie kommt ein Artgenosse damit zurecht? Fragen, die Moni inzwischen selbst beantwortet hat. In der Natur hätte ein blindes Wildkaninchen keine Überlebenschance, aber im sicheren Gehege kommt Moni bestens mit ihrer Blindheit klar. Die Häsin orientiert sich mithilfe ihres Gehörs, ihres Geruchs- und Tastsinns fast so gut, als könne sie sehen. Und die anderen Kaninchen verhalten sich Moni gegenüber ebenso respektvoll wie immer. Maxi, Monis bester Freund, sucht jetzt noch häufiger ihre Nähe. Monis Halterin hat gelernt, die Gehegeeinrichtung unverändert zu lassen, damit das blinde Kaninchen sich nicht stets neu orientieren muss. Und wenn sie mit Moni Kontakt aufnehmen möchte, kündigt sie sich mit leisen Worten an und hält ihr den Handrücken zur Geruchskontrolle hin.

Die Tasthaare sind eine wichtige Orientierungshilfe. Deshalb darf man diese Haare niemals kürzen oder gar abschneiden.

BERÜHRUNGSREIZE

Kaninchen können Berührungen mit der gesamten Körperoberfläche wahrnehmen, denn in ihrer Haut sitzen Rezeptoren, die wie »Fühler« zum Beispiel auf Druck, Kälte oder Wärme reagieren und diese Informationen an das Gehirn weiterleiten. Im Gehirn werden dann die Art der Empfindung wie etwa Schmerz und der genaue Ort ermittelt.

Im Mund-Nasen-Bereich, an den Wangen und über den Augen sitzen lange Tasthaare, die ebenfalls auf Berührungsreize reagieren. Verantwortlich für die Wahrnehmung ist eine Reihe unterschiedlicher Sinneszellen an der Tasthaarbasis. Und mithilfe dieser sogenannten Vibrissen kann sich das Kaninchen selbst in stockfinsterer Umgebung orientieren und die Breite von Durchschlüpfen messen. Über den Vibrationssinn der kleinen Hoppler ist dagegen noch recht wenig bekannt. Vermutlich registrieren Kaninchen ähnlich wie etwa Katzen über druckempfindliche Rezeptoren in ihren Pfoten Erschütterungen des Bodens, zum Beispiel, wenn sich Feinde nähern oder ein Artgenosse mit den Hinterläufen trommelt und so Gefahr signalisiert (→ Seite 60).

RIECHEN UND SEHEN

EINE GUTE NASE Ein Kaninchen verfügt über etwa 100 Millionen geruchswahrnehmende Zellen in der Nasenschleimhaut, wir dagegen über gerade mal ein Fünftel davon. Das Riechvermögen spielt vor allem im Sozial- und Sexualverhalten, für die Witterung eines Feindes und beim Erkunden der Umwelt eine große Rolle. Luftströmungen tragen flüchtige Moleküle herbei, deren Konzentration mit der Entfernung von der Duftquelle abnimmt. Das Kaninchen schnüffelt in verschiedene Richtungen, um die Duftquelle zu orten. Es richtet sich sogar auf, um höhere Luftschichten zu prüfen.

NASENFALTEN Typisch Kaninchen: Seine Nase ist immer in Bewegung. Dabei zieht es die beiden beweglichen inneren Nasenfalten rhythmisch und synchron nach oben. Mit diesem »Nasenblinzeln« reguliert es seine Atmung und überprüft die eingesogene Luft (→ Jacobsonsches Organ, Seite 27). Die kleinen Hoppler können viele verschiedene Gerüche wahrnehmen und genau unterscheiden.

AUGEN Der seitliche Sitz der Augen ermöglicht dem Kaninchen eine nahezu komplette Rundumsicht, sodass es nicht nur »Landfeinde« wie etwa den Fuchs, sondern auch Feinde aus der Luft wie beispielsweise den Habicht frühzeitig entdecken kann. Seine Augen sind auf Fernsicht eingestellt und registrieren kleinste Bewegungen. Im Nahbereich dagegen sieht es weniger gut. Das ist jedoch kein Nachteil für die kleinen Hoppler, denn in der Natur kommt es für sie vor allem darauf an, einen Feind rechtzeitig auszumachen.

FARBENSEHEN Wie die meisten Säugetiere sind Kaninchen Dichromaten, die Farben so sehen, wie rotgrünblinde Menschen. Sie haben nur zwei verschiedene Photorezeptor-Typen (Zapfen), während wir drei besitzen. Rot und Grün erscheinen dem Kaninchen als eine Farbe, die sich jedoch in der Helligkeit unterscheidet. So sieht es möglicherweise ein dunkles Rot als Schwarz, ein helles Grün als Grau. Die Farben Blau, Gelb und Weiß kann das Tier dagegen gut unterscheiden.

LICHTVERHÄLTNISSE Kaninchen sehen in der Dämmerung und in hellen Nächten relativ gut, im starken Sonnenlicht hingegen schlechter. Grund dafür ist die mangelnde Fähigkeit der Pupillen, die sich bei großer Helligkeit nicht zusammenziehen können. Kein Problem für Wildkaninchen, die sich tagsüber meist im Bau aufhalten.

RÄUMLICHES SEHEN Früher nahm man an, dass Kaninchen die Welt nur flach beziehungsweise zweidimensional sehen. Das ist jedoch aufgrund ihrer Augenstellung unwahrscheinlich. Vermutlich nehmen sie die räumliche Tiefe lediglich nicht ganz in dem Maße wahr wie wir Menschen.

JACOBSONSCHES ORGAN Das röhrenförmige Geruchsorgan befindet sich zwischen Nasen- und Mundhöhle. Es ist in der Lage, zu riechen und gleichzeitig zu schmecken. Dabei inhaliert das Tier Geruchsmoleküle aus der Luft, drückt die Zunge an das Jacobsonsche Organ und hält den Atem an, während das Gehirn die chemische Zusammensetzung des Geruchs analysiert. Das Organ ist für das Erkennen chemischer Signale, sogenannter Pheromone, zuständig wie beispielsweise Sexuallockstoffe oder Duftmarkierungen, und sogar der veränderte Körpergeruch eines kranken Artgenossen wird so »erschnüffelt«.

Das junge Zwergwidderchen trägt seine Ohren noch aufrecht. Erst später kippen sie um. Bei Hängeohren ist die Hörfähigkeit eingeschränkt.

LAUSCHANGRIFF

Reinrassige Zwergkaninchen haben besonders kurze Ohren. Das ändert jedoch nichts daran, dass sie ebenso hervorragend hören wie ihre Verwandten, die Wildkaninchen oder die großen Hauskaninchen-Rassen. Ihr gutes Gehör ist für Wildkaninchen mit die beste Lebensversicherung, denn wer den Feind frühzeitig wahrnimmt, kann rasch in den nahe gelegenen Bau flüchten. Selbst wenn Mümmel gerade damit beschäftigt ist, an schmackhaften Gräsern zu knabbern, genügt schon das leiseste verdächtige Geräusch, um ihn aufhorchen zu lassen. Er hebt den Kopf, stellt die Ohren auf und verharrt reglos. Für eine noch bessere Kontrolle seines Umfelds richtet sich das Kaninchen in regelmäßigen kurzen Abständen auf, es macht Männchen. In der Kaninchen-Kolonie gibt es sogar Wächter, die den Auftrag haben, mit allen Sinnen nach potenziellen Feinden zu fahnden. Bei Gefahr trommeln sie mit den Hinterbeinen auf die Erde, und schon ist die Kaninchen-Gesellschaft im sicheren Bau verschwunden (→ Seite 60). Faszinierend ist die Tatsache, dass die kleinen Hoppler nicht nur eine fast komplette Rundumsicht haben, sondern auch einen ebenso großen Hörraum. Dabei muss nicht einmal der Kopf gedreht werden, um die Ohren auf die Geräuschquelle auszurichten. Die trichterförmigen Ohrmuscheln können unabhängig voneinander bewegt werden. So kann der Schall besonders gut aufgefangen und weitergeleitet werden. Kaninchen hören weit besser als wir, auch Töne, die außerhalb unseres Wahrnehmungsbereichs liegen.

DIE WELT AUS KANINCHENSICHT

Für die artgerechte Haltung unserer Zwerge ist es wichtig, viel über sie zu wissen und zu versuchen, sich in sie hineinzuversetzen. Nehmen wir zum Beispiel Ronny und Gina. Die beiden leben in einem geräumigen Käfig und bekommen regelmäßig Auslauf. Trotzdem fühlen sie sich offenbar nicht wohl, denn bei Sonnenschein sitzen sie

Für das Fluchttier Kaninchen sind seine Sinne eine wichtige Lebensversicherung. Darauf muss man auch bei der Wohnungshaltung achten.

wie versteinert in einer Käfigecke. Die Erklärung ist einfach: Die Kleinen sind von der Sonne geblendet und haben im Käfig keine Möglichkeit, der grellen Sonne auszuweichen. Und es gibt einen weiteren Haltungsfehler: Mit Ausnahme der Käfigtür wurde der gesamte Käfig mit einer fast 30 Zentimeter hohen Pressspanplatte verkleidet. Die Platte soll verhindern, dass zu viel Einstreu aus dem Käfig gescharrt wird. Eine denkbar schlechte Lösung! Kaninchen fühlen sich nur dann sicher, wenn sie sehen, was in ihrer Umgebung vor sich geht.

- Setzen Sie Ihre Zwergkaninchen keinem grellen Licht aus.
- Käfigbewohner müssen ihre Umgebung kontrollieren können und brauchen mehrere Aussichtsplätze.
- Nähern Sie sich den Kleinen nicht hektisch.
- Greifen Sie nie ein Kaninchen von oben, weil es dann wie bei der Attacke eines Luftfeindes in Panik gerät (→ Seite 48).
- Rechnen Sie damit, dass Kaninchen beim Freilauf in der Wohnung manchmal direkt vor die Füße springen, weil sie im Nahbereich nicht besonders gut sehen.
- Lassen Sie Ihren Zwerg nicht unbeaufsichtigt auf dem Tisch oder Regal herumhoppeln. Entfernungen kann er schlecht einschätzen und dabei leicht abstürzen.

DAS NÄSCHEN SPIELT DIE HAUPTROLLE

Gerüche haben im Leben der Kaninchen große Bedeutung. Per Duftsprache verständigen sie sich untereinander, finden geeignete Sexualpartner und markieren ihr Revier (→ ab Seite 58). Sie riechen Feinde und Freunde und erkunden per Nase ihre Umwelt. Bereits vor ihrer Geburt ist der Geruchssinn der Zwerge ausgeprägt, und schon jetzt können Aromen in einem Duftgedächtnis gespeichert werden (→ Schon gewusst?, Seite 30). Und damit wird schnell klar, was man den »Heimtieren mit der feinen Nase« bieten muss beziehungsweise was man vermeiden sollte.

- Die Kleinen brauchen viel frische Luft. Deshalb für Wohnungskaninchen die Räume immer gut durchlüften.

Obwohl gerade erst acht Wochen alt, weiß dieses Kaninchen ganz genau, was ihm schmeckt: frische, zarte Blätter.

- Bieten Sie vor allem Wohnungskaninchen viele verschiedene Dufterlebnisse. Füllen Sie beispielsweise einen Karton mit trockenem Herbstlaub oder stellen Sie im Freilauf eine Schnupper-Schale mit Erde und Moos auf (→ Seite 115).
- Ein unsauberes Gehege beleidigt die sensible Kaninchennase und ist zudem eine Krankheitsquelle.
- Waschen Sie sich immer gründlich die Hände, wenn Sie einen Hund oder eine Katze angefasst haben und jetzt Ihr Kaninchen streicheln wollen. Beide riechen für den Zwerg zunächst einmal nach Todfeind.
- Verwenden Sie kein Parfüm, Rasierwasser oder stark riechende Seifen an ihren Händen. Ein Kaninchen erkennt Sie an Ihrem individuellen Geruch, starke Düfte überlagern ihn.
- Scharf riechende Putzmittel haben in einem Kaninchenhaushalt nichts verloren.
- Für Wohnungskaninchen sollten Raucher grundsätzlich an der frischen Luft qualmen.

SCHON GEWUSST?

- Dass bereits die ungeborenen Kaninchen (ebenso wie menschliche Embryonen) über das Fruchtwasser und die Nabelschnur Aromen wahrnehmen und sich später daran erinnern, konnte an der Ludwig-Maximilians-Universität in München nachgewiesen werden.

- Hans Distel und Robyn Hudson von der Münchner Uni fütterten trächtige Kaninchen unter anderem mit Wacholderbeeren. Nach der Geburt bekamen die Jungen ein Jahr lang keine Wacholderbeeren. Dann gab man ihnen und einer Kontrollgruppe, deren Mütter nie Beeren erhalten hatten, mit Wacholder versetztes Futter. Resultat: Die Jungen, die schon im Mutterleib mit Wacholderaroma in Kontakt gekommen waren, bevorzugten dieses Futter.

- Verzichten Sie auf stark riechende ätherische Duftlampen-Öle in der Wohnung. Der Geruch ist für empfindliche Kaninchennasen eine Zumutung.
- Befreundete Kinder dürfen keine gemeinsamen »Spielrunden« zusammen mit ihren jeweiligen Kaninchen veranstalten. Die Tiere erkennen, dass es sich nicht um Sippenmitglieder handelt, und es kann zu heftigen Rangordnungskämpfen kommen (→ Vergesellschaftung, Seite 42).

EMPFINDLICHE KANINCHENOHREN

Interessanterweise besiedeln Wildkaninchen sogar Bahndämme, ohne dass sie sich von den vorbeidonnernden Zügen gestört fühlen, oder sie haben sich einen Friedhof als Heimat erkoren, dessen Kapellenglocke bei jeder Beerdigung läutet. Beides Geräusche, an die sich die Kaninchen mit der Zeit gewöhnt haben und von denen sie wissen, dass sie keine Gefahr bedeuten. Anders bei ungewohnten Geräuschen wie etwa dem plötzlichen Knacken eines trockenen Zweiges. Hier könnte ein Feind im Anzug sein. Das außergewöhnliche Hörvermögen Ihrer kleinen Schützlinge müssen Sie auch in der täglichen Praxis berücksichtigen:

- Achten Sie darauf, dass Sie Ihre Zwerge nicht plötzlich mit einem lauten ungewohnten Geräusch konfrontieren, wie etwa dem Einschalten eines Staubsaugers direkt neben den Tieren oder lautem Türenknallen. Im Gehege draußen können beispielsweise eine Kreissäge, Tiefflieger oder ein Knall Panikverhalten auslösen und sogar zum Herzversagen führen.
- Richten Sie das Zwergenheim in einer ruhigen Zimmerecke ein und nicht etwa an der »Durchgangsstraße« zur Eingangstür. Auch für Außengehege gilt: möglichst ruhig.
- Die Ansprache mit einer hellen, leisen Stimme empfinden Zwergkaninchen als positiv, laute, schrille und harsche Stimmen dagegen als negativ.

Kaninchen bevorzugen deckungsreiches Gelände. Auf der freien Wiese sind sie Feinden hilflos ausgeliefert.

Instinktiv duckt sich der Zwerg ins hohe Gras und verharrt ganz ruhig. So könnte er unbemerkt von seinem Feind bleiben.

- Auf plötzlich einsetzende, laut dröhnende Musik reagieren die kleinen Hoppler mit Panik und Fluchtverhalten, wenn sie die Möglichkeit dazu haben. Ein permanent hoher Lärmpegel sorgt für Dauerstress.

BERÜHRUNGEN GENIESSEN

Abschließend noch die kurze Anleitung eines kleinen »Streichelkurses« für alle Kaninchen, die sanfte Berührungen als wohltuend empfinden. Manche besonders zahmen Zwerge fordern die Streicheleinheiten sogar regelrecht ein, indem sie ihrem Menschen direkt auf den Schoß springen oder neben ihm auf der Couch Platz nehmen. Vielleicht empfinden sie das Streicheln als angenehme Massage. Nur eines darf man nicht, auch wenn es noch so verführerisch ist: ein Zwergkaninchen ständig hochnehmen, es auf dem Arm herumtragen und streicheln. Überlassen Sie den Tieren die Initiative, und warten Sie ab, bis sie von sich aus den Kontakt suchen.

- Streicheln Sie den Zwerg immer in Richtung Fellwuchs und nicht entgegengesetzt.
- Beginnen Sie langsam und vorsichtig mit der Hand über den Rücken und die Flanken zu streichen.
- Kraulen Sie den Zwerg sanft hinter den Ohren.
- Fahren Sie behutsam mit einem Finger von der Nase bis zur Stirn des Tieres. Das beruhigt.
- Berührungen der empfindlichen Tasthaare und das Kraulen der Bauchunterseite empfinden Zwergkaninchen immer als unangenehm (→ Seite 25).

DER CLAN GIBT SICHERHEIT

Kaninchen schätzen die Großfamilie, denn sie kann das Überleben sichern. Viele Augen, Ohren und Nasen nehmen einen Feind früher wahr als einer, der nur auf sich gestellt ist. Warnt ein Clanmitglied, verschwinden alle im Bau.

VERSCHWORENE SIPPE Eine Wildkaninchen-Kolonie besteht aus Gruppen von bis zu zehn Tieren. Insgesamt leben oft mehr als hundert Kaninchen zusammen. In dieser Gemeinschaft herrscht eine strenge Rangordnung. Sie garantiert nicht zuletzt auch das harmonische Miteinander. Wer seinen Platz in der Gruppe kennt und akzeptiert,

lebt in der Regel friedlich mit seinen Artgenossen zusammen. Doch auch bei Kaninchen kommt es immer wieder einmal zu Meinungsverschiedenheiten. Dabei geht es dann nicht selten ziemlich ruppig zur Sache. Ist der Streit beigelegt, läuft alles so harmonisch wie zuvor. Ein ordentliches Gewitter reinigt die Luft und tut offenbar auch Kaninchen manchmal gut.

DIE HERAUSFORDERUNG

Der Boss der Kaninchengruppe ist ein starker und mit allen Wassern gewaschener Rammler, als »First Lady« fungiert eine dominante Häsin. Die beiden sind das ranghöchste Paar. Den Respekt und die Anerkennung ihres Clans haben sie sich in diversen siegreichen Auseinandersetzungen gesichert. Das ist aber in einer Kaninchengesellschaft keine Garantie für eine dauerhafte Chefposition. Immer wieder gibt es sowohl in den eigenen Reihen als auch durch Artgenossen benachbarter Gruppen Herausforderer, die sich stark genug fühlen, die Macht zu übernehmen. Innerhalb eines Reviers unterhalten die einzelnen Kaninchengruppen kleine Territorien, deren Grenzen besonders von den Männchen des Clans – vor allem während der Paarungszeit – markiert werden (→ Seite 61). Hauptverantwortlich für die Überwachung und Verteidigung der Grenzen ist das ranghöchste Männchen. Gerade versucht der Boss einer anderen Gruppe sein Territorium klammheimlich zu erweitern, indem er neue Grenzen mit seinen Duftmarken absteckt – aber er hat Pech. Er wird vom Territorialfürsten in flagranti erwischt. Der noch recht unerfahrene junge Eindringling hat drei Möglichkeiten: Entweder er zieht sich unauffällig hinter die Genzen zurück. Oder er zeigt sich demütig, indem er sich auf den Boden legt und die Ohren flach an den Kopf drückt. Oder aber er fühlt sich stark genug, den Kampf aufzunehmen. Der Eindringling will es wissen. Jeder der beiden Kontrahenten prahlt zunächst mit einschüchtern-

Ein Dach aus Korkeichenrinde, das in einem Erdhügel verankert ist, ergibt einen attraktiven und gerne genutzten Unterschlupf.

den Posen. Großspurig wird der Boden aufgekratzt, man läuft sich steifbeinig hinterher und jagt sich gegenseitig. Keiner will nachgeben. Ein Kampf ist unvermeidlich. Als sich die Gegner in die Haare geraten, fliegen die Fellbüschel. Doch der Revierinhaber behält nach einem kurzen, heftigen Kampf die Oberhand, und der Herausforderer sucht hastig das Weite.

ORDNUNG MUSS SEIN

In der Wildkaninchen-Kolonie beeinflusst die Jahreszeit das soziale Leben. Im zeitigen Frühjahr, wenn die Fortpflanzungszeit beginnt und die Hormone »verrückt spielen«, werden die erwachsenen Tiere aggressiv gegenüber gleichgeschlechtlichen Artgenossen. In dieser Zeit bilden sich kleine Gruppen von bis zu zehn Kaninchen heraus, wobei die Weibchen meistens in der Überzahl sind. Mit der Gruppenbildung gehen Kämpfe um die soziale Rangordnung einher. Dann kämpft Männchen gegen Männchen, Weibchen gegen Weibchen. Bei den Männchen fallen die Kämpfe heftiger aus als bei den Weibchen. Allerdings verlaufen diese Kämpfe nach festen Regeln. Keiner der Rivalen wird dabei ernsthaft

»Das gehört mir!« Mit dem Sekret der Kinndrüsen markiert Pumuckel den Ast, um ihn als seinen Besitz zu kennzeichnen.

verletzt oder gar getötet. Meist gewinnt der älteste und stärkste Rammler. Unterlegene Tiere unterwerfen sich oder werden vertrieben. Der Gruppenchef genießt einige Privilegien. Er hat zum Beispiel Vorrang bei der Paarung und bei der Auswahl der besten Fress- beziehungsweise Ruheplätze, hat aber auch Pflichten wie etwa die Verteidiung der Reviergrenzen. Auch unter den Weibchen dominiert meist das älteste Tier. Doch alles in allem sind die Weibchen toleranter gegenüber ihren Artgenossinnen. Nur in der Fortpflanzungszeit kann es zu erbitterten Kämpfen unter den Rivalinnen kommen. Bekannt ist auch, dass manche trächtige Weibchen sogar bereit sind, bis auf den Tod um eine bereits vorhandene sichere und trockene Wurfhöhle zu kämpfen.

ALLEINSEIN MACHT KRANK

Wäre es bei all dem Zoff in der Gruppe nicht besser, Kaninchen als Heimtiere solo zu halten? Darauf gibt es nur eine einzige Antwort: Kaninchen können nicht alleine sein. Für ein erfülltes und artgerechtes Leben brauchen sie zumindest einen, besser jedoch mehrere Artgenossen. Beim Vergesellschaften müssen allerdings einige wichtige Punkte beachtet werden (→ Seite 42). Setzt man nämlich einander fremde Zwergkaninchen zusammen, kommt es häufig zu heftigem Streit. Und der kann böse und blutig enden, wenn es für das unterlegene Tier im kleinen Freigehege oder im Käfig keine Fluchtmöglichkeiten und keine Verstecke gibt.

STÄNDIG AUF DER HUT

Wild lebende Kaninchen haben viele Feinde und sind ständig der Gefahr ausgesetzt, im Magen eines Räubers zu landen. Nicht einmal in ihrem Bau sind sie vor wendigen Wieseln, Dachsen, Füchsen oder kleinen Jagdhunden sicher, die speziell für das Einfahren in den engen Kaninchenbau gezüchtet wurden. Doch die Natur sorgt für wirksamen Ausgleich – falls wir Menschen die Lebensbedingungen der Wildkaninchen nicht durch unser Eingreifen nachhaltig verändern (→ Seite 123).

Kaninchen haben hochsensible Sinnesorgane, mit denen sie Feinde frühzeitig wahrnehmen, ihre körperlichen Fähigkeiten machen es möglich, einen Verfolger erfolgreich abzuhängen. Durch ihre zahlreiche Nachkommenschaft sind sie in der Lage, Verluste in den eigenen Reihen auszugleichen. Selbst in den unwirtlichsten Gegenden können sie leben, ohne darben zu müssen. Dafür hat sie die Natur mit einem unglaublich effektiven Verdauungssystem ausgestattet (→ Seite 89). Dennoch prägt das Bewusstsein der ständigen Gefahr das Wesen eines Wildkaninchens und somit auch das unserer Zwergkaninchen, denn sie tragen ja das Erbe ihrer wilden Vorfahren in sich. Selbst wenn unsere Heimtiere nicht ständig vor Feinden auf der Hut sein müssen, geraten sie doch schnell in Panik, wenn sie zum Beispiel plötzlich mit einem lauten, ungewohnten Geräusch konfrontiert werden, und sie mögen es überhaupt nicht, ständig hochgenommen und herumgetragen zu werden, denn je nachdem wie abrupt das geschieht, haben sie das Gefühl, von einem Raubtier gepackt worden zu sein. In ihrem tiefsten Inneren sind auch die niedlichen Zwergkaninchen immer noch Wildtiere geblieben.

IMMER IN DER NÄHE DES BAUS

Eine Wildkaninchen-Kolonie umfasst etwa 20 Hektar Land. Das entspricht ungefähr einer Kreisfläche von 500 Metern im Durchmesser oder einem Quadrat von 450 Metern Seitenlänge. Größere Entfernungen vom Bau meiden Kaninchen schon aus Sicherheitsgründen. Darüber hinaus ist auch ihr Heimfindevermögen nicht besonders gut ausgeprägt. In Versuchen setzte man weibliche Tiere etwa 600 Meter vom Bau entfernt aus. Sie fanden zwar zurück, doch bei 1000 Metern Entfernung gelang ihnen das nicht mehr. Sie blieben einfach dort, wo man sie ausgesetzt hatte. Die Männchen schafften es immerhin aus einer Enfernung von 800 Metern wieder nach Hause zu finden. Als ich davon hörte, ging mir ein Licht auf: Meine ersten beiden Wohnungskaninchen Maxel und Minni durften frei in der Wohnung laufen. Eines Tages vergaß ich, im Wohnzimmer die Terrassentür zu schließen. Für meine Zwerge eine willkommene Abwechslung. Sie statteten unserem Garten einen Besuch ab. Mein erster Gedanke: Die sind über alle Berge, zumal der Gitterzaun ausgesprochen »kaninchendurchlässig« war. Ich beobachtete die beiden durchs

Je unübersichtlicher ein Gebiet ist, desto häufiger sichert das Kaninchen seine Umgebung, indem es sich aufrichtet.

Fenster und sah, wie sich meine kleinen Racker an den frischen Käutern zu schaffen machten. Doch dann kam plötzlich ein Hund den Zaun entlang. Wie vom Blitz getroffen sprinteten meine Zwerge durch den Garten, rannten die Terrassenstufen hinauf und verschwanden im sicheren »Wohnzimmer-Bau«. Von da an machten die beiden öfters Gartenausflüge und kamen immer wieder zurück. Doch vor Nachahmung möchte ich warnen, denn dass immer alles gut geht, so wie in unserem Fall, dafür kann ich nicht garantieren.

Ein Wort zur Freilaufhaltung Kann man Kaninchen frei im Garten halten? Man kann, wie das auch bereits einige Kaninchenfreunde erfolgreich praktizieren, denn vor allem ältere Tiere sind besonders reviertreu. Natürlich steht es außer

Um gesund zu bleiben, brauchen Zwergkaninchen **viel Bewegung und Beschäftigung.** Das sorgt sowohl für körperliche als auch geistige Fitness.

Frage, dass ein schöner großer Garten mit einer naturbelassenen Wiese, Brombeerhecken, Himbeerranken, Büschen und Bäumen das wahre Paradies für Kaninchen bedeutet. Wer die Möglichkeit dazu hat, sollte über diese Form der Haltung nachdenken. Der Garten ist bei dieser Haltungsform lediglich durch einen Kleintierweidezaun gesichert (→ Adressen im Internet, Seite 142). Allerdings muss man sich auch der Gefahren bewusst sein. Die körperlich kleinen Zwergkaninchen sind jederzeit ungeschützt Feinden ausgesetzt. Die Infektionsgefahr steigt, selbst wenn die Kaninchen gegen die gefährlichsten Krankheiten wie RHD (Chinaseuche}, Myxomatose und Kaninchenschnupfen geimpft sind. Und nicht zu vergessen – auch die Kleinen graben wie die Großen ...

KANINCHEN-ALLTAG

In der Natur wird es den wilden Verwandten unserer Zwergkaninchen nie langweilig. Jeder Tag ist eine neue Herausforderung. Gibt es genügend Nahrung? Lauert irgendwo ein Feind? Ist das Territorium ausreichend markiert (→ Seite 61)? Muss sich gegen fremde Artgenossen gewehrt werden? Ist die Häsin paarungswillig? Wird gerade Nachwuchs aufgezogen? Gibt es Streit untereinander? Muss der Bau erweitert werden? Ist das Wetter so, dass man sich gern draußen aufhält, oder muss man ganz schnell seinen Magen füllen, um in den geschützten Bau zurückkehren zu können? Und dann braucht man auch noch Zeit für die ausgiebige Fellpflege (→ Seite 98), zum Relaxen und Schlafen. Das alles klingt nach einem ausgefüllten Leben. Etwa 12 Stunden verbringen die dämmerungsaktiven Wildkaninchen außerhalb ihres Baus, vor allem mit Fressen, dem Sichern ihrer Umgebung, dem Markieren und Verteidigen ihres Reviers und kleinen Streitereien.

Laut einer Studie schlafen Kaninchen im Durchschnitt etwa 8,7 Stunden pro Tag. Ungefähr zwei Stunden beschäftigen sie sich mit der Fellpflege. Bleibt höchstens noch Zeit, um die weichen Kotbällchen, den Blinddarmkot, nochmals in Ruhe im Bau zu verdauen (→ Seite 90).

Zwergkaninchen brauchen Abwechslung Und was lässt sich daraus als Erkenntnis für die Haltung unserer Zwergkaninchen gewinnen? Unsere geliebten Heimtiere leiden an permanenter Unterbeschäftigung. Sie haben keinerlei Aufgaben mehr. Futter wird »serviert«, die Fortpflanzung durch Kastration verhindert (→ Seite 130), einen Bau zu graben ist nicht nötig, wenn es ein Häuschen oder eine Schutzhütte im Gehege gibt, aber auch gar nicht möglich zum Beispiel bei der Wohnungs- und Balkonhaltung. Vor Feinden muss man nicht auf der Hut sein, und fremde Artgenossen, die bekämpft und verjagt werden müssten, tauchen nicht auf. Dazu kommt in vielen Fällen mangelnde Bewegung, denn häufig werden die stillen Zwerge immer noch ausschließlich in kleinen Käfigen – ohne Freilauf – gehalten. Für ein lebenswertes Dasein als Heimtier ist deshalb ein umfangreiches Zwergkaninchen-Beschäftigungsprogramm angesagt, denn Langeweile macht auf Dauer krank (→ ab Seite 106).

GENIALE BAUMEISTER

Ihr Bau ist für die Wildkaninchen ihr sicheres Zuhause und ein Ort der Geborgenheit. Hier finden sie Schutz vor Feinden und schlechtem Wetter, können ruhen, schlafen und ihre Nahrung in Form von Blinddarmkot ein zweites Mal verdauen (→ Seite 90). Und im Bau werden auch die Jungen der ranghohen Weibchen aufgezogen. Die Architektur eines Baus ist immer gleich, nur die Ausmaße und die Tiefe hängen von der Größe der Kolonie und der Bodenbeschaffenheit ab. Enthält der Boden keinen allzu hohen Sandanteil, können die Gänge bis zu drei Meter tief in die Erde führen. Mit der Zeit entsteht ein weit verzweigtes und verwinkeltes unterirdisches Tunnelsystem, das zusammengenommen 45 Meter erreichen kann.

Ein schattiges Plätzchen und etwas zum Knabbern obendrein: ein »Zelt« aus geflochtenen Weiden, mit Haselnusszweigen »bekleidet«.

Duftkontrolle. Die erwachsene Häsin beriecht den jungen Rammler. Das Ergebnis ist eindeutig: Er gehört zur Familie und wird von ihr akzeptiert.

Die Gänge sind mit etwa 15 Zentimetern Durchmesser schmal, allerdings an manchen Stellen ungefähr 40 Zentimeter breit, damit man sich in diesen Ausbuchtungen auch mal »überholen« kann. Anne McBride, die englische Verhaltensforscherin und Expertin in Sachen Kaninchen, berichtet von Kaninchenbauen, die 100 Quadratmeter umfassen und bis zu 50 verschiedene Ein- und Ausgänge aufweisen. Einige Gänge sind Sackgassen, die im »Wohnzimmer« der Kaninchen, dem Kessel, münden. Er kann einen Durchmesser von 30 bis 60 Zentimeter haben. Einige Sackgassen enden in einer Wurfhöhle, wo die ranghohen Weibchen ihren Nachwuchs zur Welt bringen. Die anderen graben sich eigene Wurfhöhlen in einiger Entfernung vom Bau (→ Seite 126). Neben den »normalen« Ein- und Ausgängen, die überirdisch gegraben werden, legen Kaninchen auch senkrecht verlaufende Röhren an. Sie werden von innen nach außen gegraben, liegen nur etwa einen halben Meter unter der Erde, und ihr Eingang befindet sich meist versteckt unter einem Busch. Diese Röhren sind für den Notfall gedacht. Erscheint ein Feind im Bau, kann das Kaninchen durch einen Sprung nach oben sein Leben retten. Wird es außerhalb seines Baus verfolgt, lässt es sich einfach in die Röhre fallen und landet im sicheren Zuhause.

Ein Ort der Geborgenheit Wie wichtig ein oder besser noch mehrere Rückzugsmöglichkeiten auch für unsere Zwergkaninchen sind, konnten Sie bereits auf Seite 15 lesen. Im Inneren der Häuschen oder Hütten sollte es möglichst dunkel sein, ganz so wie in einem Kaninchenbau. Verzichten Sie deshalb auf Konstruktionen mit »Fenstern«, auch wenn sie noch so hübsch aussehen. Ich habe für meine kleinen Hoppler »Wohnhöhlen« mit zwei Einbeziehungsweise Ausgängen, Flachdach, jedoch ohne Boden töpfern lassen. Die Tonhöhlen sind gut zu reinigen und werden von den Zwergen nicht angenagt.

EINE NEUE FRAU FÜR ANTON

Blümchen und Anton lernten sich im Zoofachgeschäft kennen. Die jungen Zwergkaninchen verstanden sich von Anfang an wunderbar, und sie hatten das Glück, dass sie beide zusammen gekauft wurden und vier Jahre lang glücklich miteinander leben durften. Doch dann wurde Blümchen unheilbar krank und starb kurze Zeit nach der schrecklichen Diagnose. Anton blieb allein zurück. Sein Verhalten veränderte sich von diesem Tag an schlagartig. Der bisher muntere, vorwitzige Hoppler wurde zu einem apathischen, zeitweise mürrischen kleinen Kerl. Trauerte er auf diese Weise um seine verlorene Partnerin? Ob ein Kaninchen Trauer so empfinden kann wie wir Menschen, wissen wir nicht. Doch das Tier spürt sicher die Veränderung. Antons Besitzer machten nun das einzig Richtige: Sie suchten ihm eine neue Partnerin.

Kaninchen brauchen unbedingt Artgenossen.
Einzelhaltung ist Tierquälerei.
Zwerge, die allein leben müssen, sterben früher.

NACHGEFRAGT

Gibt es neue Forschungsergebnisse?

Dr. Anne McBride ist Wissenschaftlerin an der Universität Southampton. Einer ihrer Forschungsschwerpunkte ist das Verhalten von Tieren, insbesondere Kaninchen, Hunden und Exoten.

Gibt es neue Erkenntnisse über das Verhalten von Kaninchen als Heimtiere?

Ja, wir lernen ständig Neues. Zum Beispiel zeigte eine jüngste Arbeit von N.E. Lisiewicz, M. Waters und B. Jackson (2009), dass Kaninchen, die einzeln gehalten werden, an chronischem Stress leiden. Dixon, Hardiman und Cooper (2009) fanden heraus, dass Kaninchen, die in kleinen Käfigen gehalten werden, weniger aktiv sind. Selbst wenn man ihre Lebensbedingungen verbessert und ihnen Beschäftigungsgegenstände anbietet, nutzen sie das nicht. Es scheint, als wären sie deprimiert. Zu wenig Bewegung führt zu Übergewicht und kann schmerzhafte Krankheiten wie zum Beispiel Osteoporose auslösen. Möglicherweise wird das Kaninchen dann aggressiv, wenn man es hochnimmt, aber einfach nur deshalb, weil es Schmerzen hat und dies seinem Halter zu sagen versucht.

Sind Kaninchen lernfähig?

Alle Tiere können sich bis zu einem gewissen Grad an ihre Umgebung anpassen. Das wild lebende europäische Kaninchen beweist dies durch die Besiedlung verschiedenster Lebensräume. Doch Hauskaninchen, die zu wenig Platz, keine Rückzugsmöglichkeiten und Verstecke, keine Gesellschaft von Artgenossen und keine geistige Stimulation haben, passen sich nicht an. Sie leiden unter Stress und werden krank.

Kann man die Intelligenz eines Kaninchens fördern?

Kaninchen sind sehr neugierige, intelligente Tiere. Sie lernen gern Tricks und können sogar Geschicklichkeitsaufgaben bewältigen. Solche Übungen tun dem Kaninchen gut. Sie stärken die Bindung des Tieres an seinen Besitzer und umgekehrt.

Gute Gründe für ablehnendes Verhalten Obwohl einzeln gehaltene Kaninchen ein unerfülltes Leben führen, ist es nicht leicht, ihnen einen fremden Artgenossen dazuzugesellen. Das hat folgende Gründe:

- Kaninchen markieren ihr Revier, also ihren Käfig, ihr Innengehege, die Räume, in denen sie Auslauf haben und/oder ihr Außengehege, als ihren Besitz (→ Seite 61). Würden Sie einen Fremden ohne Weiteres in Ihren Privatbereich lassen?
- Kaninchen aus einer Gruppe erkennen sich am Geruch. Wer fremd riecht, wird als Eindringling empfunden. Würden Sie einen völlig Fremden bei einer Familienkonferenz akzeptieren?

Erfolgversprechende Zusammenführungen So viel vorweg: Es gibt kein Patentrezept, denn auch Kaninchen sind individuelle Persönlichkeiten. Wenn Sie aber die wichtigsten Grundregeln beherzigen, klappt die Zusammenführung meist recht gut. Dass es dabei manchmal heiß hergeht, muss Sie nicht erschrecken (→ rechte Seite).

SCHON GEWUSST?

- Was passiert eigentlich, wenn der ranghöchste Rammler einer Kaninchengruppe ums Leben kommt? Dieser Frage gingen der Verhaltensforscher Dr. R. Mykytowycz und sein Team nach. Sie entfernten den ranghöchsten Rammler aus der jeweiligen Kaninchengruppe.

- Sofort brachen unter den verbliebenen Rammlern heftige Kämpfe um die Rangordnung aus. Kampfsieger war in 90 Prozent aller Fälle das Männchen mit dem zweithöchsten Rangplatz innerhalb der Gruppe.

- Das ranghöchste Weibchen der Gruppe vertrieb zunächst alle Anwärter auf den »Thron«. Doch schon nach kurzer Zeit akzeptierte es den neuen »Herrscher«.

- Passendes Alter: Die Zwerge sollten ungefähr gleich alt sein. Ein Jungtier und ein erwachsenes Zwergkaninchen passen nicht zusammen. Das Kleine wird oft von dem Älteren verfolgt und gebissen, leidet dann natürlich unter Stress pur und kann sich nicht optimal entwickeln.
- Neutraler Boden: Finden Sie einen Bereich, ein Zimmer (oder einen Kellerraum), den die alteingesessenen Kaninchen noch nicht als Eigenbezirk markiert haben. Hier können sich die alten und neuen Bewohner auf neutralem Boden kennenlernen. In einem fest installierten Außengehege muss man anders vorgehen. Die Schweizer Kaninchenexpertin Ruth Morgenegg empfiehlt, die Tiere einige Tage aus ihrem gewohnten Revier zu nehmen, das Gehege auszuräumen und das gesamte Inventar gründlich zu reinigen. Danach erhält das Gehege frische Einstreu und wird neu eingerichtet. Erst jetzt werden Neuankömmlinge und Erstbewohner gleichzeitig in das für beide Seiten neue Revier entlassen.
- Viel Platz: Je mehr Platz den Tieren bei einer Zusammenführung zur Verfügung steht, desto besser. Wird es brenzlig, kann man Reißaus nehmen und sich in Sicherheit bringen.
- Genügend Verstecke: Neue Kartons, in die Sie mehrere Ein- und Ausgänge schneiden, Korkröhren und andere Unterschlupfmöglichkeiten, die noch nicht von den alteingesessenen Kaninchen markiert wurden, sorgen für Rückzugsmöglichkeiten und eine entspanntere Atmosphäre.
- Ablenkung hilft: Legen Sie im »Raum der Begegnung« überall kleine Leckerbissen wie etwa Möhren- und Apfelstückchen und schmackhafte Kräuter aus (→ Seite 92). Darauf sind »Alt« und »Neu« gleichermaßen versessen und damit erst einmal voneinander abgelenkt.
- Unterschiedliche Geschlechter: Zwei Rammler oder zwei Weibchen zu vergesellschaften ist keine ideale Kombination. In jedem Fall besser: Sie führen ein Männchen und ein Weibchen zusammen.

Für Moni und Maxi ist das Weidenzelt etwas Neues im Gehege. Es wird zunächst einmal eingehend auf Liegetauglichkeit geprüft.

Auch der tolle Sandhaufen verführt zum Buddeln und Graben. Klare Wertung aus Kaninchensicht: Bestnoten für Zelt und Sand.

- Frauenüberschuss in der Gruppe: Wer seine Kaninchengruppe erweitern möchte, sollte darauf achten, dass die Weibchen in der Mehrzahl sind oder aber ein Ausgleich der Geschlechter gegeben ist.

Wenn die Fetzen fliegen Die Zusammenführung einander fremder Kaninchen geht in den meisten Fällen nicht ohne heftige Kämpfe vonstatten. Jetzt heißt es für Kaninchenfreunde Nerven bewahren, nicht einzugreifen – auch wenn die Fellbüschel fliegen, sondern durchzuhalten, bis die Tiere ihren Status ausgekämpft haben. Sie tun den Tieren nichts Gutes, wenn Sie Ihre Kaninchen während ihrer »Findungsphase« trennen und später einen erneuten Versuch der Zusammenführung herbeiführen. Das wäre für die Zwerge eine weitere Stresssituation. Der Anpassungsprozess kann wenige Tage bis zu einem halben Jahr dauern. Zu blutigen Auseinandersetzungen kommt es in der Regel vor allem deshalb, weil nicht genügend Raum für den Rückzug vorhanden ist oder aber es keinerlei oder zu wenig Versteckmöglichkeiten gibt. Natürlich muss man in diesem Fall die Streithähne trennen. Ein unverhoffter Wasserstrahl aus der Blumenspritze wirkt manchmal Wunder, oder Sie greifen beherzt, mit dicken Handschuhen bewaffnet, unmittelbar in das Geschehen ein.

Anton ist wieder glücklich Mit der vierjährigen – eher scheuen – Suse aus dem Tierheim gelang es schon nach kurzer Zeit, die »Lebensgeister« des Rammlers zu wecken. Die beiden passen zueinander. Er ist der Chef, und sie ordnet sich bereitwillig unter. Eine gute Voraussetzung für ein friedliches Zusammenleben, wenn man sich einig ist ...

WER IST HIER DER BOSS?

Kampfhähne Bei Pumuckel und Fridolin, den beiden potenten jungen Rammlern, geht es heftig zur Sache. Wer ist der Stärkere? Wer behält die Oberhand? Fridolin, der Zwergwidder, attakiert den etwas jüngeren Pumuckel. Das Widderchen springt Pumuckel an und packt ihn mit den Zähnen am Nackenfell. Pumuckel, von der Heftigkeit des Angriffs überrascht, verliert den Boden unter den Pfoten. Er hat wenig Chancen, sich gegen den starken Fridolin zu wehren.

Auf der Flucht Pumuckel ist der Unterlegene in diesem Zweikampf. Hier hilft nur eines: Flucht. Doch so einfach lässt Fridolin den Flüchtenden nicht ziehen. Er verfolgt Pumuckel mit fliegenden Ohren und hochgeklapptem Schwänzchen. Schließlich erwischt er ihn zu guter Letzt noch am Hinterteil und zwickt ihn. Dann stellt Fridolin die Verfolgung ein.

Der Kampf hat in diesem Fall zwar nur wenige Sekunden gedauert, aber dennoch weiß Pumuckel jetzt genau, wer hier der Boss ist. Kurz nach der Attacke wurden beide Rammler kastriert (→ Kastration, Seite 130). Nach einer etwa dreiwöchigen Eingewöhnungszeit konnten sie erfolgreich in Monika Weglers bestehende Kaninchengruppe integriert werden. Jetzt leben die ehemaligen Kontrahenten friedlich mit den anderen zusammen und werden nicht mehr von ihren Hormonen »geplagt« ...

TIERE MIT CHARAKTER

Kein Zwergkaninchen ist wie das andere, sondern jedes von ihnen hat eine unverwechselbare Persönlichkeit. Sie unterscheiden sich in ihrem Charakter ebenso wie in ihrem Temperament, entwickeln Vorlieben und Eigenarten.

DIE KLEINEN UNTERSCHIEDE Die einen sind mutig, die anderen »Angsthasen«, es gibt Draufgänger und scheue Wesen. Einige sind besondes vorwitzig, manche kommen eher ein wenig behäbig daher. Erinnert Sie das an etwas? Auch bei uns gibt es unterschiedliche Persönlichkeiten. Respektieren Sie den Charakter Ihrer Zwerge und

versuchen Sie nicht, sie »umzuformen«. Im Fall eines Kaninchens würde das sicher auch nicht gelingen, denn zwingen lässt es sich zu nichts. Fördern Sie stattdessen die Persönlichkeit Ihrer Tiere, indem Sie ihnen ein artgerechtes Leben mit vielen Beschäftigungsmöglichkeiten bieten.

MUT ZUM RISIKO

Bevor der starke zweijährige Rammler seinen Bau verlässt, bleibt er im Ausgang sitzen, schaut sich nach allen Seiten um und hält die Nase in den Wind. Die Luft ist rein, kein Feind in Sicht. Er macht sich auf den Weg zu seinem Fressplatz, den er gestern bei einem Streifzug entdeckt hat. Hier wachsen besonders schmackhafte Wildkräuter, und dafür lohnt es sich allemal, die Gefahr der größeren Entfernung vom sicheren Bau in Kauf zu nehmen. In der Nacht hat es geregnet, und deshalb sind die Kräuter nass. Kein Problem für ein Wildkaninchen. Die Feuchtigkeit wird entweder mit der Zunge abgeleckt oder – wie es jetzt der Rammler macht – auf den Hinterläufen sitzend mit den Vorderpfoten abgestreift. Genüsslich futtert der Kaninchenmann sein köstliches Mahl. Er fühlt sich sicher. Seine Ohren sind angelegt und nach hinten gerichtet – ein Zeichen seiner Entspanntheit. Nur ab und zu stellt er ein Ohr auf, um sicherheitshalber doch die Umgebung nach einem ungewohnten Geräusch abzuhören. Plötzlich wird der Rammler von oben gepackt. Ein Habicht hat sich ihm in lautlosem bodennahem Flug genähert und seine Füße fest in sein Nackenfell gekrallt. Normalerweise gibt es kein Entkommen bei solch einem mächtigen Feind. Doch der Rammler ist ein erfahrener, furchtloser »Haudegen« und mit seinen gut zwei Kilogramm Körpergewicht wahrlich keine leichte Beute. Nach dem ersten Schock wehrt er sich zappelnd. Durch den Schwung kann er dem Greifvogel ein paar kräftige Tritte mit den Hinterläufen verpassen. Mit solch einem wehrhaften

Morgenspaziergang im ersten Sonnenlicht: Im vertrauten Revier benutzen Kaninchen immer wieder die gleichen Pfade.

Gegner hat der Habicht nicht gerechnet. Verdutzt lässt er von dem Rammler ab und fliegt auf den nächsten Baum. Um seinen Hunger zu stillen, muss er nach einem anderen Opfer Ausschau halten. Das mutige Kaninchen flitzt unterdessen im Zickzacklauf durch das hohe Gras zurück zu seinem Bau. Glück gehabt – heute hing sein Leben an einem seidenen Faden.

WIE SICH PERSÖNLICHKEITEN ENTWICKELN

Zum einen sind es die Gene, die bestimmte Wesenszüge an einen Nachkommen vererben, zum anderen beeinflussen positive beziehungsweise negative Erfahrungen die Persönlichkeit eines Kaninchens. So können in einem Wurf Zwergkaninchen verschiedene Charaktere vorkommen. Selbst wenn die Elterntiere ausgeglichene, freundliche Tiere sind, heißt das nicht automatisch, dass auch alle ihre Kinder dieses Verhalten zeigen, obwohl die Wahrscheinlichkeit recht groß ist. Doch wenn das Erbe der Vorgenerationen »durchschlägt« und hier vielleicht ein oder mehrere scheue und nervöse Tiere dabei waren, kann sich das auch auf spätere Generationen vererben.

Das junge Löwenköpfchen Wuschi ist besonders furchtlos. Es hat sich ohne seine Geschwister auf den Weg gemacht, um die Umgebung zu erkunden.

Allgemein lässt sich sagen, dass ein Zwerg, der mindestens bis zur achten, besser noch bis zur zehnten Lebenswoche mit Mutter, Geschwistern und anderen erwachsenen Rudelmitgliedern aufwächst, in der Regel das gesamte Kaninchen-Verhaltensrepertoire beherrscht und sich aufgrund dessen zu einer sozialen, selbstbewussten Persönlichkeit entwickelt.

Mit etwa drei Wochen sind die jungen Zwergkaninchen so weit »gereift«, dass sie ihr Nest verlassen können. Dabei entdecken sie nach und nach ihre Umwelt und »speichern« ihre Erfahrungen. Diese wichtige Prägungs- und Sozialisierungsphase hält etwa bis zur 12. Lebenswoche an. Hat ein Kaninchen während dieser Zeit zum Beispiel viele und gute Erfahrungen mit Menschen gemacht, wird es sich das »merken« und auch später vertrauensvoll auf Menschen reagieren. Sprechen Sie die Kleinen stets ruhig und freundlich an, damit sie Ihre Stimme kennenlernen. Nehmen Sie die jungen Zwerge behutsam, aber nicht zu oft in die Hand, dann erkennen sie Sie bald an Ihrem persönlichen Geruch. Legen Sie sich zu ihnen auf den Boden und füttern Sie sie beispielsweise mit einem Petersilienstängel aus der Hand (→ Seite 129). Allerdings können bestimmte Lebensumstände oder ein traumatisches Erlebnis das Wesen eines Zwergkaninchens verändern (→ Seite 56). So bedeutet zum Beispiel die Vergesellschaftung von einem alten und einem jungen Kaninchen in einem Käfig Stress pur für das Jungtier. Es wird von dem alten Tier attackiert, und das einstmals selbstbewusste Kaninchenkind verändert sich zu einem eingeschüchterten Wesen (→ Seite 42).

WAS IM WESEN ALLER KANINCHEN VERANKERT IST

Neugierde Alle Kaninchen sind neugierig. Und das müssen sie auch sein, denn wenn ein Wildkaninchen in der Natur überleben will, muss es seine Umwelt genau erforschen und kennen. Mit den Erfahrungen, die es dabei

Persönlichkeit und Verhalten der Zwerge werden in frühester Kindheit geprägt. Das gilt auch für die Zuwendung zum Menschen.

macht, kann es seine Überlebenschancen verbessern. Auch Zwergkaninchen stecken gern überall ihr Näschen hinein, vorausgesetzt, sie fühlen sich in ihrer Umgebung sicher. Interessiert werden dann neue Gegenstände und Geruchsspuren im Gehege beschnuppert (→ ab Seite 106).

Immer in Deckung Kaninchen sind Fluchttiere. Sicherheit hat für sie immer Vorrang. Daher meiden sie offenes Gelände ohne Deckungsmöglichkeiten. Gibt es keine andere Chance, wird das Terrain möglichst schnell, Haken schlagend und in kurzen, unregelmäßigen Sprüngen überquert. Für die Haltung heißt das: viel Bewegungsraum, nie aber ohne Versteck- und Rückzugsmöglichkeiten (→ Seite 15 und 40).

»Schwache Nerven« Das Beutetier Kaninchen muss immer vor Feinden auf der Hut sein. In der Natur kann es schon das Knacken eines Astes in höchste Alarmbereitschaft versetzen. Das soll jedoch nicht heißen, dass Kaninchen immer sogleich zu zitternden Fellbündeln werden, wenn sie mit etwas Ungewohntem konfrontiert werden. Auf die Zwergkaninchenhaltung bezogen heißt es allerdings: keine plötzlichen lauten, ungewohnten Geräusche, kein Greifen von oben ohne »Voranmeldung« (→ Seite 84), kein Scheuchen und gewaltsames Einfangen, kein Tadeln durch einen Klaps oder Ähnliches (→ Seite 82), keine fremden Hunde und Katzen. Andererseits kann man das Wesen eines Zwerges »festigen«, indem man ihn schon von klein auf zum Beispiel an verschiedene Geräusche wie etwa den Mixer oder Staubsauger gewöhnt, ihn mit Menschen beiderlei Geschlechts vertraut macht oder an Hunde und Katzen im eigenen Haushalt gewöhnt.

Große Veränderungen unerwünscht Wildkaninchen kennen das Territorium rund um ihren Bau in- und auswendig. Das Gelände ist von ihren »Trampelpfaden« durchzogen, die immer zum Bau führen. Auf diesen »Schnellstraßen« flüchten Kaninchen bei Gefahr in kürzester Zeit nach Hause. Ändert sich jedoch etwas grundlegend in ihrem Gebiet, sind die Tiere irritiert und müssen sich neu orientieren. Auf unsere Zwergkaninchen übertragen heißt das: keine »Hauruckaktionen« bei

Doch unaufmerksam ist das junge Löwenkopfkaninchen nicht. Das verraten seine aufgestellten Ohren.

Pumuckel erschreckt, als ein fremder Hund den Zaun entlangkommt. Das löst Fluchtverhalten aus. Mit einem kurzen Sprint bringt er sich in Sicherheit.

der Veränderung ihrer gewohnten Umgebung, wie etwa die plötzliche komplette Umgestaltung eines Raumes, in dem sie Freilauf haben, oder ihres Geheges. Das heißt jedoch nicht, dass alles immer beim Alten bleiben muss – im Gegenteil, Neues ist an- und aufregend, wenn es schrittweise erforscht werden darf (→ Schon gewusst?, Seite 113).

WIE KANINCHEN LERNEN

Zusammen mit seiner Besitzerin Nadine lebt Rambo ohne Artgenossen in einem Zweizimmerapartment. Kein erstrebenswertes Beispiel für ein glückliches Kaninchenleben. Doch hierum geht es ausnahmsweise nicht, sondern darum, wie es Rambo gelang, Nadine zu erziehen. Manches geschah zunächst eher zufällig. Während seines Freilaufs im geschlossenen Zimmer kratzte er mit den Krallen an der Tür. Die Tür ging auf, und Nadine schaute herein, um zu sehen, was ihr kleiner Hoppler machte.

Das passierte auch ein zweites und drittes Mal. Schon bald kombinierte der pfiffige Rambo richtig: Wenn ich an der Tür kratze, geht sie auf. Fall Nr. 2: Irgendwann schubste er seinen Futternapf quer durchs Zimmer, den Nadine daraufhin mit ein paar Leckereien füllte. Nachdem auch das mehrmals passierte, wusste der gewitzte Zwerg: Napf herumschieben wird mit leckeren Häppchen belohnt. Dass er seine Nadine nur in die Knöchel zwicken muss, damit sie sich um ihn kümmert, hat Rambo längst verinnerlicht. Und erbringt so ganz locker den Nachweis, dass Kaninchen in der Lage sind, aus Erfahrungen zu lernen und sie nutzbringend einzusetzen.

Lernen macht fit fürs Leben Wer lernfähig ist, kann sich veränderten Lebens- und Umweltbedingungen leichter anpassen. Er lebt besser und länger. Angeborene Verhaltensweisen werden so ständig überprüft und bei Bedarf verändert. Junge Wildkaninchen machen sich in den ersten Lebenswochen mit den Spielregeln in ihrer Gruppe vertraut. Nur so werden sie akzeptiert und können sich in der Gemeinschaft behaupten. Zur Grundschule gehört auch, dass sie alle Wege und Winkel des Baus kennenlernen, um sich bei Gefahr in Sicherheit bringen zu können. Wildkaninchen sind sehr anpassungsfähig: In Überschwemmungsgebieten verlegen sie ihren Bau oberirdisch in hohle Kopfweiden (→ Seite 8) oder nehmen mit Reisighaufen als Wohnstätte vorlieb. Und auf einigen Inseln wie etwa den Kerguelen-Inseln haben sie gelernt, sich vorwiegend von angeschwemmtem Tang zu ernähren.

Lernen im Zusammenleben mit dem Mensch Ein Kaninchen ist aber nicht nur in der Lage, Dinge zu lernen, die sein Überleben sichern, wie man an Rambo sieht. Im Zusammenleben mit uns Menschen erweisen sich die kleinen Hoppler als schlau und erfindungsreich. Sie lernen, auf ihren Namen zu hören, manche werden stubenrein, man kann ihnen kleine Kunststücke beibringen, sie lernen, sich uns verständlich zu machen, und sie entwickeln eigene »Problemlösungen«, wie etwa eine angelehnte Tür mit der Nase aufzudrücken oder mit den Zähnen an ihr zu ziehen. Tatsache ist jedoch, dass ein »wacher Geist« gefördert und gefordert werden muss.

Training fürs Köpfchen Dass es auch unter den Kaninchen sowohl Schlaumeier wie auch weniger Pfiffige gibt, kann jeder Halter bestätigen. Die einen finden blitzschnell heraus, wie man an in der Papprolle versteckte Leckerbissen kommt, während die anderen ewig brauchen oder gleich aufgeben (→ Seite 114). Die Entwicklung des Gehirns beginnt schon vor der Geburt. In den ersten Lebenswochen strömen unzählige Sinneseindrücke auf die kleinen Kaninchen ein und prägen auch die Hirntätigkeit. Je mehr Informationen speziell in dieser sehr frühen Lebensphase verarbeitet und gespeichert werden, desto besser entwickelt sich das Gehirn. Die Vielzahl

SCHON GEWUSST?

- Kaninchenkinder, die zu früh von Mutter, Geschwistern und erwachsenen Artgenossen getrennt wurden, haben Entwicklungsdefizite, neigen eher zu Verhaltensstörungen und sind krankheitsanfälliger. Die Zwerge sollten wenigstens acht bis zehn Wochen in der Gruppe bleiben dürfen.
- Die Kindheit spielt bei Kaninchen eine wichtige Rolle. In dieser Zeit lernen sie in der Gruppe unter anderem auch, wie sie mit ihrem späteren Rang als dominantes beziehungsweise unterlegenes Tier umgehen.
- Eine rangniedere Position muss nicht schlecht sein. Wichtig ist nur, dass das Tier sie akzeptiert. Und das lernt ein Kaninchen in der Gemeinschaft mit Artgenossen.

unterschiedlicher Erfahrungen und Sinnesreize sorgt dafür, dass die Nervenzellen des Gehirns vermehrt Verknüpfungen aufbauen und vernetzt werden. Aber auch im Alter halten Kombinations- und Lernübungen das Gehirn auf Trab. Sorgen Sie dafür, dass Ihre Zwerge sich ausreichend beschäftigen können, und bieten Sie ihnen regelmäßig neue Anregungen (→ Seite 106).

Positives und Negatives Ein Kaninchen lernt durch positive und negative Erfahrungen. Dazu ein Beispiel: Möhrchen buddelt am liebsten im Topf der dekorativen Zimmerpalme, obwohl sie einen eigenen »Sandkasten« zur Verfügung hat. Als sie gerade am Werk ist, wird sie unvermittelt von einer kalten Wasserdusche aus der Blumenspritze getroffen. Ein unangenehmes Erlebnis für Möhrchen, denn Kaninchen mögen solche Überraschungen ganz und gar nicht. Bei der nächsten Buddelaktion passierte wieder das Gleiche. Ein Grund für Möhrchen, nach diesen negativen Erfahrungen ihre Grabetätigkeiten einzustellen. Ebenso läuft es mit positiven Erfahrungen, die dann eben gern wiederholt werden. Wenn dazu noch ein Leckerli lockt, macht ein Kaninchenzwerg auch einmal »Männchen auf Kommando«.

Moritz ist nicht gerade der Pfiffigste, dafür aber besonders zutraulich und liebenswert. Mit seinen Menschen kommt er wunderbar aus.

WAS KANINCHEN FÜHLEN

Es wäre toll, wenn wir wüssten, was in unseren Zwergkaninchen vorgeht, wie sie fühlen und was sie uns zu sagen haben. Zu gern würde ich von meinen Mümmelmännern einmal hören: »Bei dir fühlen wir uns rundum wohl. Du kannst dich wunderbar in uns Kaninchen hineinversetzen.« Und dann denke ich: Was hätten wohl all die Kaninchen zu sagen, die als Versuchstiere ihr Leben fristen müssen, in engen Zuchtboxen gehalten werden, als Mastkaninchen in engen Drahtverliesen dahinvegetieren, oder jene Geschöpfe, die der Mensch nach seinen Schönheitsidealen kreiert hat – ohne Rücksicht auf Gesundheit und Lebensqualität der Tiere wie im Fall der Minizwerge unter einem Kilo Lebendge-

Pumuckel bringt seine Menschen oft zum Lachen, so wie hier, wenn er mit der Pflanze »kämpft«. Gar nicht einfach, so ein langes Teil möglichst schnell zwischen die Zähne zu bekommen.

wicht. Fest steht jedenfalls, dass natürlich auch Kaninchen Gefühle haben. Sonst wären Wildkaninchen gar nicht in der Lage, in der Natur zu überleben. Sie müssen zum Beispiel Risiken abschätzen und Furcht empfinden können, um einer gefährlichen Situation aus dem Weg zu gehen, oder Schmerz spüren, um zu lernen, dass ihr Verhalten falsch war. Wie jedoch die differenzierte Gefühlswelt eines Kaninchens aussieht, wissen wir nicht. Aber wir können an der Körpersprache und an dem Verhalten der Kaninchengesellschaft Stimmungen ablesen, und wir kennen auch die Bedeutung der wenigen Laute, die sie von sich geben. Wer seine Zwergkaninchen genau beobachtet, weiß schon bald, ob es zum Beispiel einem Tier heute gut geht, es sich krank fühlt, es angespannt ist, Furcht empfindet, ob es im Moment griesgrämig oder eher freundlich gestimmt ist, und er erkennt, dass das Tier jetzt lieber ruhen statt »Action« möchte (→ ab Seite 58).

VERLORENES VERTRAUEN Bis vor Kurzem war ich ein ruhiger, ausgeglichener Vertreter unserer Gesellschaft.

Ich hatte eine glückliche Kindheit und lernte viele nette Menschen kennen. Dann kam ich in ein neues Zuhause. Auch hier fühlte ich mich bis vor einer Woche wohl. Seit vergangenem Montag bin ich jedoch ein einziges Nervenbündel.

Kindergeburtstag Den ganzen Tag ging es schon hektisch zu. Nadja, die Mutter von Maximilian und Sebastian, hatte alle Hände voll zu tun. Um drei Uhr wurden die ersten Gäste erwartet, denn heute stieg Maximilians Geburtstagsparty. Sechs Freundinnen und Freunde waren eingeladen. Ich hoppelte wie an jedem Tag in der Wohnung herum. Vorsichtshalber verdrückte ich mich nach einiger Zeit in die dunkle Ecke hinter der Couch im Wohnzimmer. Hier habe ich mir immer wieder einmal die Zeit vertrieben und an der Tapete geknabbert. Die Raufaser-Tapeten sind meine große Leidenschaft. Man kann sie so schön zwischen den Backenzähnen zermahlen. Ein kleiner Ausgleich für das wenige Nagematerial, das ich vorgesetzt bekomme. Gott sei Dank kam bisher noch keiner von der Familie auf die Idee, die Couch wegzurücken.

BOMMEL

Das Chinchilla-Kaninchen (4 Monate) lebt in der Stadt. Es darf täglich außerhalb seines Käfigs hoppeln, und es hat gelernt, in seinen Käfig zurückzugehen, sobald seine Menschen in die Hände klatschen.

Die Gäste kommen Als ich gemütlich hinter der Couch hockte, klingelte es, und die ersten Gäste trafen ein. Einer hatte eine kleine Blechtrommel dabei und haute wie wild darauf herum. Ich bekam einen gewaltigen Schreck, denn diese nervtötenden Geräusche waren völlig neu für mich. Zuerst wollte ich die Flucht nach vorne antreten, doch dann entschied ich mich dafür, zunächst einmal in meinem Versteck zu bleiben.

Entdeckt! Inzwischen waren alle Gäste eingetroffen. Die gesamte Horde saß auf Couch und Stühlen und veranstaltete einen Höllenlärm, sodass ich es kaum aushielt. Und als ich dann den Kopf hob, schaute ich direkt in zwei lachende Kindergesichter. Mein Versteck war aufgeflogen! Jetzt wollten mich alle fangen, rückten die Couch zur Seite und machten Jagd auf mich. Maximilian, Sebastian und Nadja versuchten das wilde Treiben zu stoppen, hatten aber keinen Erfolg damit. Zum Schluss war ich in einer Ecke gefangen und wurde unsanft von zwei Händen gepackt. Ein wahrer Albtraum. Seitdem hat das Vertrauen zu meinen Menschen einen kräftigen Knacks. Nadja gibt mir zwar schon seit Tagen zur Beruhigung die Bachblüten-Notfalltropfen Rescue Remedy, doch der Schock hat sich tief in mein Gedächtnis gegraben.

STILLE ZWERGENPOST

Kaninchen leben leise. Für die Fluchttiere ist es überlebenswichtig, möglichst wenig Lärm zu machen. Daher verständigen sich die Hoppler vor allem über Düfte und ihre Körpersprache und weniger durch die Lautgebung.

»KANINISCH« FÜR EINSTEIGER Auch wenn es meist nicht so aussieht: Kaninchen haben sich eine Menge zu sagen. Vor allem für neue Zwergenhalter bleibt vieles davon zunächst ein Buch mit sieben Siegeln. Grund genug, sich intensiv mit der Sprache der Mümmelmänner zu beschäftigen. Gute Sprachkenntnisse sind die unverzichtbare

Basis für eine harmonische Tier-Mensch-Beziehung. Noch sind nicht alle Geheimnisse der Kaninchensprache entschlüsselt, aber viele Vokabeln von »Kaninisch« kennt man inzwischen. Und im Übrigen geben sich auch die Zwerge ihrerseits viel Mühe, um mit uns ins Gespräch zu kommen, und entwickeln dabei ihre ganz eigenen Techniken.

ALFONSOS KLOPFZEICHEN

Vor einigen Wochen entschloss sich Melanie nach reiflicher Überlegung, ihren beiden Tierheim-Zwergkaninchen einen Artgenossen als Dritten im Bunde dazuzugesellen: Alfonso zog ein. Melanie sorgte von Anfang an gut für ihre kleine Kaninchengesellschaft. Schon vor Anschaffung der ersten Tiere hatte sie sich ausführlich über deren Ansprüche informiert, auch über die Kaninchensprache. Melanie ist eine ausgesprochene Teeliebhaberin und erfüllte sich jetzt endlich ihren Herzenswunsch: einen exklusiven Teekessel. Der muss natürlich sofort ausprobiert werden. Als Melanie das Teewasser aufsetzt, klingelt das Telefon. Ihre Freundin ist am Apparat. Während des langen Telefonats genießen die Kaninchen Auslauf und hoppeln durch Küche und Flur. Zwanzig Minuten später wird Melanie durch merkwürdige Klopfzeichen aufgeschreckt, gleichzeitig vernimmt sie jetzt auch das Pfeifen ihres neuen Teekessels. Sie stürzt in die Küche, wo Alfonso wie wild mit den Hinterläufen auf den Boden klopft. Melanie reißt den Kessel, der fast kein Wasser mehr enthält, von der Herdplatte. Der Pfeifton verstummt, und Alfonso beendet sein Klopfen. Der Zwerg hat ein typisches Signal der Kaninchensprache benutzt, genauso wie es die wild lebenden Verwandten praktizieren: Registriert ein Wildkaninchen etwas Verdächtiges, trommelt es mit den Hinterläufen auf die Erde, um die Artgenossen zu warnen. Die verschwinden dann sofort im sicheren Bau, selbst wenn kein anderer etwas Beunruhigen-

Sehen, riechen und hören. Mümmel kann seine Hängeohren leider nicht weit genug aufrichten, um jedes Geräusch exakt zu orten.

des wahrgenommen hat. Für Alfonso ist der Pfeifton des Kessels ein unbekanntes Geräusch, das ihn beunruhigt. Seit Alfonso da ist, verwendete Melanie nämlich nur den Wasserkocher für die Zubereitung ihres Tees. Melanie kann ihrem wachsamen Zwergkaninchen dankbar sein, denn auch ein Designer-Teekessel »lebt« nicht lange ohne Wasser auf dem eingeschalteten Herd.

GEHEIMNISVOLLE DUFTSPRACHE

In der Kaninchengesellschaft regeln vor allem Duftbotschaften das Miteinander. Jedes Kaninchen ist gleichsam sein eigener »Parfümproduzent«, denn es besitzt Duftdrüsen sowohl in der Anal- wie der Kinnregion. Die verschiedenen Duftstoffe dienen der Verständigung und werden für viele, zum Teil sehr unterschiedliche Aufgaben eingesetzt.

Reviermarkierung Um die Grenzen ihres Reviers zu markieren, überziehen die Kaninchen einen Teil der Kotkügelchen mit einem Duftsekret der Analdrüsen. Für die Familienmitglieder ist das der Heimatgeruch, fremden Artgenossen sagt der Duft, dass hier eine andere Sippe wohnt, deren Grenzen sie besser respektieren sollten, wenn sie Streitigkeiten aus dem Weg gehen wollen.

1 Die Häsin drückt sich unter den kastrierten Rammler. Doch der möchte keinen näheren Kontakt und springt davon.

Anne McBride, englische Verhaltensexpertin mit Forschungsschwerpunkt Kaninchen, beschreibt die Latrinen genannten »öffentlichen Toiletten« der Wildkaninchen-Kolonien. Latrinen werden gut sichtbar in den Mulden kleiner Hügel angelegt und enthalten oft Tausende trockener und dicht gepackter Kotkügelchen. Die Großtoilette macht Eindruck – sowohl auf die Mitglieder der eigenen Sippe als auch und vor allem auf fremde Artgenossen. Der Duft, der ihr entströmt, vermittelt den einen das gute Gefühl, zu Hause und in Sicherheit zu sein, während die anderen, die unerwünschten Fremden, quasi mit der Nase darauf gestoßen werden, dass sie sich an der Grenze zu einem anderen Territorium befinden.

Besitzansprüche Die Kinndrüsen des Kaninchens sitzen unter der Zunge. Über Poren wird ein für Menschen geruchloses

2 Auch dieser freundliche Annäherungsversuch der Häsin bleibt unerwidert. Der Rammler ist mit der Fellpflege beschäftigt.

3 Etwas Zuwendung per Fellpflege wäre der Häsin durchaus willkommen. Auffordernd schiebt sie den Kopf unter den Partner.

Sekret an die Kinnunterseite abgegeben und durch Reiben mit dem Kinn verteilt. Kaninchen reiben ihr Kinn an allem, was sie als ihren Besitz betrachten (→ Foto, Seite 36). Beim Freilauf in der Wohnung imprägnieren sie Möbelstücke und selbst die vertrauten Menschen mit ihrem Duftstoff. In der Kaninchengruppe markieren ranghohe Rammler auf diese Weise auch rangniedere Sippenmitglieder und vor allem Jungtiere und Weibchen. Möglicherweise hilft diese Kennzeichnung den Tieren auch, sich in ihrer Umgebung zurechtzufinden. Die eigenen Duftmarken erleichtern die Orientierung und machen es möglich, sichere Pfade zum Bau anzulegen oder attraktive Fressplätze schneller und zielsicherer wiederzufinden. Alle Geheimnisse ihrer Duftmarkierung haben die kleinen Hoppler noch nicht preisgegeben.

SCHON GEWUSST?

- Die Stimmungslage eines Kaninchens drückt sich nicht nur durch seine Körperhaltung aus, sondern auch durch die Stellung seiner Ohren und des Schwänzchens, der sogenannten Blume.
- Die Ohren sind ein Stimmungsbarometer. Aufgerichtete Ohren, die sich berühren oder sogar an den Spitzen überkreuzen, sind ein Zeichen für Wohlbefinden. Sanftes Kraulen an der Ohrbasis mögen die meisten Zwerge.
- Ein Ohr nach vorne, das andere nach hinten: Neugier und Vorsicht halten sich die Waage. Das Kaninchen reckt den Hals, bleibt aber fluchtbereit. Wenn schließlich doch die Neugier siegt, werden beide Ohren nach vorne gerichtet.

Persönliche Visitenkarte Die Leistendrüsen des Kaninchens liegen in den sogenannten Geschlechtsecken, haarlosen Hautfalten zu beiden Seiten der Geschlechtsöffnung. Den intensiv-süßlichen Duftstoff können auch wir gut wahrnehmen. Er enthält eine Vielzahl individueller Informationen über seinen »Produzenten«. An dieser Visitenkarte erkennen die Artgenossen, welches Geschlecht das Kaninchen hat, ob es zur Familie gehört oder ob es sich um eine paarungsbereite Häsin handelt. Vielleicht können die Zwerge so auch ablesen, in welcher Stimmung andere Gruppenmitglieder gerade sind.

Markieren mit Harn Reviergrenzen werden neben dem Kot auch mit Urin gekennzeichnet. Bei unseren Zwergen markieren unkastrierte Rammler besonders stark, aber selbst kastrierte Rammler und dominante Weibchen zeigen manchmal dieses Verhalten. Potente Rammler bespritzen auch rangniedere Geschlechtsgenossen sowie Weibchen und Jungtiere mit Urin. Dabei geht es offenbar vor allem darum, die Sippenmitglieder mit einem einheitlichen Geruch zu kennzeichnen. Beim Paarungsvorspiel harnt der Rammler seine Auserwählte mit einem gezielten Urinstrahl an (→ Seite 125). Sehr junge Weibchen harnen manchmal ihren »Freier« an. Möglicherweise handelt es sich hier um das sogenannte Angstharnen, das bei Wildkaninchen auch dann auftritt, wenn sie von einem Raubtier gepackt werden. In diesen Fällen ist das Harnen eine Stressreaktion beziehungsweise eine Abwehrhandlung des jungen Weibchens. Ich selbst konnte das Angstharnen bei meinem Maxel miterleben, als er auf dem Untersuchungstisch des Tierarztes saß und für eine feuchte Umgebung sorgte.

Mach mal Pause! Das siamfarbene Zwergwidderchen ruht sich aus. Noch hat es Stehohren, die aber im Laufe des Wachstums umkippen.

DIE SPRACHE DES KÖRPERS

Kaninchen geben nicht viele Laute von sich, denn als Beutetiere hätten »Quasselstrippen« schlechte Karten. Wohl aber verfügen sie über eine gut ausgeprägte Körpersprache, die ihre momentane Stimmung, auch für uns verständ-

Der junge Zwerg und der Deutsche Riese leben zusammen in einem Außengehege und verstehen sich prächtig. Das Jungtier lernt von den Erwachsenen Sozialverhalten.

lich, widerspiegelt. Für den Umgang mit unseren Zwergkaninchen ist es wichtig, diese »Stimmungen« zu erkennen und richtig zu deuten.

»Bitte nicht stören!« Ebenso wie wir entspannen und schlafen auch Kaninchen in verschiedenen Positionen.

- Der Zwerg sitzt in entspannter Hockstellung auf den Hinterpfoten, die Ohren sind aufgestellt.
- Das Tier liegt mit untergeschobenen Läufen auf dem Bauch.
- Der Vorderkörper ruht auf dem Bauch, der gestreckte Hinterleib liegt leicht seitlich. Die Hinterläufe sind ausgestreckt.
- Der Körper ist lang ausgestreckt und liegt etwas seitlich, die Vorderläufe sind unter die Brust gezogen, die Hinterläufe nach hinten weggestreckt.

Stören Sie Ihre Zwerge während solcher Ruhephasen nicht. Kaninchen reagieren nicht anders als wir, wenn uns jemand mitten aus der schönsten Mittagsruhe reißt.

»Gibt's was Neues?« Wenn Kaninchen Männchen machen und die Ohren spielen lassen, kann jeder Halter diese Körpersprache interpretieren. Aufrecht stehend verschaffen sich die Hoppler einen besseren Rundumblick, orten Geräusche und wittern Duftströme in höheren Regionen. Widderzwerge sind dabei etwas benachteiligt, weil sie ihre Hängeohren nicht genau auf eine Geräuschquelle ausrichten können.
»Ich könnte die ganze Welt umarmen!« Luftsprünge, Haken schlagen, blitzschnelle Sprints. Das heißt bei Zwergkaninchen im Klartext: Das Leben ist schön. Ich kann das immer dann beobachten, wenn meine Truppe frei auf der Wiese im Garten herumtollen darf. Ganz nebenbei wird dabei natürlich die Muskulatur trainiert und die Kondition verbessert. Auch junge

Es fällt uns Menschen nicht immer leicht, die Kaninchensprache richtig zu verstehen. Doch wer sich mag, findet rasch eine Verständigungsbasis.

Wildkaninchen zeigen diese unbändige Lebensfreude. Die Lust am Toben macht Sinn: Fitness und Schnelligkeit sind die Garanten, dass Wildkaninchen sich vor Feinden retten.
»Mir geht's prima« Das Kaninchen wälzt sich auf dem Boden oder in der Buddelkiste. Dabei wird auch die Haut massiert.
»Ich liebe dich« Der solo lebende und nicht kastrierte Kaninchenmann kreist immer wieder um Ihre Füße? Dann umwirbt er Sie – mangels arteigener Partnerin – so, wie er das normalerweise bei seiner Kaninchendame tun würde.
»Hallo, hier bin ich« Kaninchen, die sich kennen, stupsen sich zur Begrüßung mit der Schnauze an. Möchte eines von einem Artgenossen geputzt werden, schiebt es den Kopf unter das andere Tier (→ Seite 99). Ein Zwergkaninchen, das Ihre Hand anstupst, will damit sagen: »Bitte beschäftige dich mit mir. Streichle mich oder kraule mich hinter den Ohren.«
»Ich mag dich« Das Zwergkaninchen leckt Ihre Hand und drückt damit seine Zuneigung aus.
»Mir reicht's!« Durch Wegstupsen Ihrer Hand macht ein Kaninchen deutlich, dass es keine Lust mehr auf Nähe hat. Auch Ohrenschütteln kann diese Stimmung ausdrücken. Schüttelt Ihr Zwerg allerdings ständig seine Ohren und kratzt sich dort, können das Krankheitsanzeichen sein.
»Ich raufe gern einmal« Kaninchen zwicken und knuffen sich untereinander immer wieder. Die Kabbeleien sind meist harmlos und kommen in den besten Beziehungen vor.
»Hier komme ich« Ein selbstsicheres Kaninchen nähert sich seinem Gegenüber mit steil aufgestelltem Schwänzchen. Das ist die typische Verhaltensweise eines dominanten Tieres gegenüber rangniederen Artgenossen.
»Tu mir nichts« Ein unterwürfiges Kaninchen duckt sich und macht sich klein. Auch gegenüber dem Menschen wird dieses Verhalten gezeigt. Ist Angst mit im Spiel, sind die Ohren angelegt, die Augen aufgerissen, und der Körper wirkt erstarrt. Im Kontakt mit ranghöheren Artgenossen bleiben die Ohren in dieser Situation aufgestellt. Buhlt das Kaninchen um Zuwendung des Ranghöheren, schiebt es seinen Kopf nahe zum Gegenüber, behält aber die geduckte Körperhaltung bei.
»Mit mir ist nicht zu spaßen« Bei einem hochbeinig stehenden Kaninchen verheißen angelegte Ohren nichts Gutes. Ist gleichzeitig der Körper angespannt, das Hinterteil erhoben und die Blume steif aufgerichtet, kann ein Angriff folgen.
»Ich habe etwas entdeckt« Aufgeregtes Schnuppern und beschleunigte Atmung sind die Indizien dafür, dass ein Kaninchen etwas Aufregendes oder Beunruhigendes entdeckt hat und es genauer untersuchen möchte.
»Wir gehören zusammen« Ihr Zwerg streift mit dem Kinn über Ihren Fuß und markiert Sie mit seinem Duft als seinen Besitz.

EINE SPRACHE DER LEISEN TÖNE

Zwergkaninchen sind stille Tiere mit begrenztem Lautrepertoire. Kein Wunder, dass wir ihre Lautsignale oft überhören.

Mit den Zähnen mahlen Ein Wohlfühllaut, den man manchmal beim Streicheln eines Kaninchens hören kann.

Mit den Zähnen knirschen Zähneknirschen ist ein unverkennbares Schmerzsignal. Das Kaninchen hockt dabei meist mit trübem Blick apathisch im Käfig.

Knurren, Fauchen, Zischen Diese Unmutslaute zeigen an, dass ein Tier mürrisch, schlecht gelaunt oder wütend ist. Zugleich dienen sie als Warnung vor einer möglichen Attacke. Das gilt bei Artgenossen als auch gegenüber dem Menschen.

Murksen Schnell hintereinander ausgestoßene Töne, die sich wie eine Art Meckern anhören. Das Kaninchen ist erkennbar unzufrieden, beispielsweise wenn es in den Käfig zurück soll.

Leises Fiepen Fiepend rufen nestjunge Tiere nach der Mutter. Sind sie krank oder fühlen sich bedrängt, geben manchmal auch erwachsene Tiere diese Laute von sich.

Lautes Schreien Der Zwerg empfindet Todesangst, etwa wenn ein fremder Hund auf ihn zustürmt.

Das junge Löwenkopf-Zwergwidderchen schaut neugierig über den Rand der Weidenröhre. Es gibt viel zu beobachten.

SCHOKO WIRD TOPMODEL

It's Showtime Schoko war ein Ausstellungskaninchen. Jetzt genießt die Häsin das Leben in einer Gruppe mit Artgenossen. Die hübsche havanna-lohfarbene Schoko posiert heute nicht zum ersten Mal vor der Kamera. Trotzdem erkundet sie ganz nach Kaninchenart zunächst einmal vorsichtig das Terrain. Im Foto links schiebt sie sich vorsichtig bis zur Sesselkante vor, um die Höhe abzuschätzen. Die aufrecht stehenden Ohren sind dabei leicht nach vorne gedreht, das Schwänzchen ist nach unten geklappt.

Fotoshooting Dann zeigt Schoko ihre Model-Qualitäten, was auch die Fotos auf den Seiten 74, 75 und 96 beweisen. Und sie schafft es sogar auf die Titelseite dieses Buchs. Schoko gibt alles, denn als Gage locken Apfelspalten und knackige Möhrenstückchen. Genüsslich leckt sich die Häsin nach der Leckerei die Lippen (großes Foto links). Doch kurz darauf muss das Fotoshooting gestoppt werden. Ein Feuerwehrauto rast mit lautem Getöse am Haus vorbei. Mit angelegten Ohren duckt sich die verängstigte Häsin. Bald darauf hat Schoko zwar den Schrecken überwunden, aber keine Lust mehr auf Fotos. Sie streckt sich ausgiebig und gähnt herzhaft. Ein Zeichen dafür, dass sie sich wohlfühlt, aber ihre Ruhe haben möchte. Topmodels brauchen eben ihren Schönheitsschlaf.

MIT ZWERGEN LEBEN

Ein runder Kopf mit großen Knopfaugen,

kurze Öhrchen und ein kleiner, gedrungener Körper:

Zwergkaninchen passen perfekt ins »Kindchenschema«.

Ihr Anblick rührt uns so an, dass wir sie einfach lieb haben müssen.

VOM WILDTIER ZUM HEIMTIER Schon seit mehr als 3000 Jahren schätzen wir Kaninchen. Zugegeben, zunächst vor allem als Fleisch- und Pelzlieferanten. Doch als man begann, die Tiere in Gehegen und Ställen zu halten, wird sich bestimmt auch so mancher Mensch in die putzigen, hübschen Tiere verliebt und sie vor dem Kochtopf

gerettet haben. Auch heute noch dienen Kaninchen als Nahrungsmittel, und ihr Fell wird zum Beispiel zu Katzenspielzeug verarbeitet. Im Fall der Angorakaninchen liefern sie die beliebte Angorawolle. Zwergkaninchen dagegen sind einzig und allein dazu bestimmt, uns als Heimtiere zu erfreuen.

EIN WERTVOLLES GESCHENK

Man schreibt das Jahr 1149. Die beiden Mönche aus der Benediktinerabtei Corvey in Höxter an der Weser machen sich auf die über 1000 Kilometer lange Heimreise. Ein Esel trägt ihr Gepäck. Mehrere Monate weilten die Mönche im französischen Kloster St. Peter zu Solignac, nahe der Stadt Limoges in Zentralfrankreich, um an der Abschrift eines Buches zu arbeiten, das ihre Bibliothek – zu dieser Zeit eine der wichtigsten des Landes – bereichern sollte. In ihrem Gepäck befindet sich ein großzügiges Geschenk des Abtes Gerald an Abt Willibald von Corvey: zwei lebende Kaninchenpaare. Darum hatte Willibald seinen Amtsbruder in Frankreich schriftlich gebeten. Zu dieser Zeit gab es im deutschsprachigen Raum weder domestizierte Kaninchen noch Wildkaninchen, und deshalb würde dieses »lebende Geschenk« mit seinen hoffentlich zahlreichen Nachkommen die Klosterküche schmackhaft bereichern. Französische Mönche begannen bereits im Jahr 1000 nach Christus Wildkaninchen in Käfigen zu halten. Anreiz dafür bot sicher auch das Dekret des damaligen Papstes, das Kaninchenföten und neugeborene Kaninchen in der Fastenzeit als »fleischlose Kost« deklarierte. Bis dahin durften offiziell nur Fische die Getreide- und Gemüsemahlzeiten während der etwa 130 Fastentage des Jahres bereichern. Doch in vielen Klöstern legten die findigen Mönche die Gebote großzügig aus. Geflügel wurde von manchen Brüdern nach »philosophischen« Überlegungen den Fischen zugeordnet, ebenso der Biber wegen seines schuppigen Schwanzes. Die beiden Mön-

Leckere Zwischenmahlzeit: Das saftige Moos ist genau nach dem Geschmack des jungen Zwergwidderkaninchens.

che erreichten mitsamt ihrem Esel und seiner wertvollen Fracht nach etwa 50 Tagen die Abtei, denn mehr als 20 Kilometer pro Tag waren nicht zu schaffen. Den Kaninchen ging es gut, schließlich gab es unterwegs genug frisches Gras und Wiesenkräuter. Es ist die Frage, was die Brüder des Klosters mehr freute: die Bereicherung ihrer Bibliothek oder die ihres Speiseplans?

SIEGESZUG DER ZWERGE

Etwa 1100 vor Christus, als phönizische Seefahrer die unscheinbar graubraun gefärbten Wildkaninchen auf der Iberischen Halbinsel als wohlschmeckende, leicht vermehrbare »Fleischreserve« entdeckten, begann die Verbreitung in viele, bisher »kaninchenfreie« Länder. Auch die Römer lernten Wildkaninchen in Spanien als kulinarische Bereicherung kennen. Sie bauten sogenannte Leporarien, ummauerte Gehege, in denen sie Wildkaninchen als Fleisch- und Pelzlieferanten hielten. Um die Mitte des 16. Jahrhunderts kannte man bereits verschiedene Fellfarben und Größen von Kaninchen. Aber immer noch wurden die Tiere in erster Linie als Nutztiere gesehen. Erst gegen Ende des 19. Jahrhunderts wandelte sich ihr

1 **Auf fremdem Terrain ist die schöne Schoko unsicher und ängstlich und verhält sich zunächst einmal abwartend.**

Ansehen zum beliebten Heimtier. Die erste Zwergform des Kaninchens trat 1884 in England auf: das Hermelinkaninchen. Die ersten farbigen Zwergkaninchen wurden 1938 von einem Holländer gezüchtet. Er kreuzte Hermelinkaninchen mit Wildkaninchen. Seither ist der Siegeszug der Zwerge unaufhaltsam. Heute stehen sie, nach Hund und Katze, an dritter Stelle der beliebtesten Heimtiere.

ZWERGKANINCHEN KOMMEN INS HAUS

Nach langen Diskussionen hat sich die Familie nun endlich einigen können. Die Eltern, Jutta und Hans, und ihre acht und neun Jahre alten Töchter Sina und Maike haben sich für zwei Zwergkaninchen entschieden. Ein Spontankauf kommt natürlich nicht infrage, obwohl sich die Kinder schon vor Wochen in die niedlichen Wuschel im größten Zoogeschäft der Stadt

2 Die neue Umgebung hält keine bösen Überraschungen bereit. Also kann sich Schoko der Körperpflege widmen.

3 Mit der lässig-entspannten Körperhaltung signalisiert die Zwergendame: »Hier ist alles okay, hier fühle ich mich wohl.«

verliebt haben. Zunächst werden allerlei Ratgeber gewälzt, denn schließlich möchten sie beim Kauf der Tiere alles richtig machen und den Kleinen die beste Lebensqualität bieten. Sie veranstalten untereinander sogar kleine Wissenstests über Kaninchen, damit allen bewusst wird, dass auch die kleinen Zwergkaninchen Lebewesen mit eigenen Bedürfnissen und sogar recht großen Pflegeansprüchen sind.

Ein Lebensraum für zwei Zwerge Vor dem Einzug der Tiere gestalten die Eltern mit ihren Töchtern liebevoll das künftige Zwergenheim. Leider verfügt ihre Stadtwohnung zwar über einen Balkon, aber keinen Gartenanteil. Deshalb kommt nur ein Innengehege aus Fertigteilen, mit integriertem Käfig, infrage (→ Seite 109 und 110). Doch eines wollen sie ihren kleinen Hopplern zugestehen: Von Frühjahr bis Herbst dürfen sie

SCHON GEWUSST?

- Infolge der Domestikation zeigen unsere Hauskaninchen inzwischen einige abweichende Verhaltensweisen zum Wildkaninchen, wie Untersuchungen gezeigt haben. Wildkaninchen sind vor allem in den frühen Morgenstunden, abends in der Dämmerung und nachts aktiv, Hauskaninchen dagegen vermehrt auch tagsüber.
- Die Aktivitäts- und Ruhephasen der Hauskaninchen finden im raschen Wechsel hintereinander statt. Beim Wildkaninchen hingegen dauern die Phasen zwischen vollkommener Ruhe und pausenloser Aktivität insgesamt länger. Die Fluchtbereitschaft des Hauskaninchens ist gegenüber uns Menschen im Gegensatz zum Wildkaninchen deutlich herabgesetzt.

jederzeit auf dem Balkon »frische Luft schnappen«. Dazu wird eine leicht zu öffnende Katzenklappe in die Balkontür eingebaut. Im Winter bleibt die Klappe jedoch geschlossen, denn Wohnungskaninchen vertragen keine kalten Temperaturen und Kaninchen, die ganzjährig draußen in einem festen Außengehege leben, keine warmen Wohnungstemperaturen.

Auswahl der Zwerge Gespannt betritt die Familie das Zoofachgeschäft. Ob hier alle Voraussetzungen für eine gute Tierhaltung erfüllt werden? Das Gehege der Kaninchen ist jedenfalls sehr sauber, die Bewohner wirken ausgesprochen munter, haben genügend Versteck- und Ruheplätze, und mit Heu, frischem Grünfutter und Wasser sind sie auch ausreichend versorgt.

Freundlich fragt der Verkäufer nach den Wünschen und erklärt dann fachkundig und verständlich, was es beim Kauf, bei der Haltung, Pflege und Versorgung der Zwergkaninchen zu beachten gilt. Die Familie erfährt auch, dass ausschließlich Tiere verkauft werden, die mindestens acht Wochen alt sind. Da bei jüngeren die Entwicklung noch nicht abgeschlossen ist, stellen sich Verhaltensdefizite und Gesundheitsprobleme ein, wenn sie zu früh aus der Kaninchengruppe genommen werden. Im Zoofachgeschäft sind die Zwerge getrennt nach Geschlechtern untergebracht. Weil nicht alle Tiere im Alter von acht Wochen verkauft werden und einige schon mit weniger als zwölf Wochen geschlechtsreif werden (→ Seite 130), geht man auf Nummer sicher, um unerwünschten Nachwuchs zu verhindern. Die Gehege sind so aufgestellt, dass sich die Kaninchen sehen und riechen können. Im ausführlichen Beratungsgespräch hat die Familie neue, wichtige Informationen erfahren. Doch nun steht für die Familie die Qual der Wahl bevor: Für welches Zwergenpärchen sollen sie sich entscheiden? Es dauert eine Weile, aber dann ist die Sache klar: Paul und Paula heißen die gelbweißen Zwerge, die jetzt in ein neues Zuhause umziehen. Und sich dort garantiert wohlfühlen werden.

Wie sich der Zwerg dabei wohl fühlt, wenn er von der Katze geputzt wird? Wer weiß – doch es gibt durchaus außergewöhnliche Tierfreundschaften.

Gefährliche Nähe: Ein kleines Kaninchen bringt viele Hunde auf dumme Gedanken. Zum Glück hat Bello kelnen starken Jagdtrieb und hört seiner Besitzerin aufs Wort.

Termin beim Tierarzt Nachdem die Entscheidung gefallen ist, kauft die Familie im Zoofachgeschäft eine stabile Transportbox, um die Zwerge schonend nach Hause zu bringen. Dann kommen noch etwas Heu und vertraute Einstreu mit »Heimatgeruch« in die Box, und es kann losgehen. In der Wohnung wird der Familienzuwachs ins neue Gehege entlassen. Hier könnn die Zwerge alles in Ruhe beschnuppern und mit ihren Duftmarken versehen. Am nächsten Tag steht der Besuch beim Tierarzt an. Auch hier hat sich die Familie kundig gemacht und eine erfahrene Kleintierspezialistin gefunden.

Die Transportbox steht über Nacht offen im Innengehege, und am Morgen befinden sich die Kaninchen schon quasi reisefertig in der Box. Die Tierärztin bestätigt, dass Paul und Paula kerngesund sind. Für Paul war schon vorher der Termin für die Kastration vereinbart worden, denn für weitere Kaninchen hätte die Familie keinen Platz (→ Frühkastration, Seite 130).

Die Operation an sich dauert nur wenige Minuten, und Paul darf anschließend wieder mit nach Hause. Er ist noch ein wenig von der Narkose benommen, erholt sich aber schnell. Die kleinen OP-Wunden heilen nach wenigen Tagen ab.

KANINCHEN MIT GUTER KINDERSTUBE

Junge Zwergkaninchen, die mit genügend Platz, erwachsenen Artgenossen, vielen verschiedenen Eindrücken und positiven Erfahrungen mit Menschen aufwachsen, sind in ihrem Wesen gefestigt und in der Regel auch zutraulich (→ Seite 50). Wer sich Kaninchen anschaffen will, ist also gut beraten, sich selbst ein Bild zu machen, woher seine Tiere stammen. Das ist jedoch leider leichter gesagt als getan. In den Tierabteilungen der großen Baumärkte und Gartencenter erfährt man meist recht wenig über die Herkunft der angebotenen Zwerge. In einem gut geführten Zoofachgeschäft erhalten Sie hingegen meist detailliertere Auskünfte. Wenn Sie Ihre Tiere direkt beim Züchter kaufen, sollten Sie sich in jedem Fall persönlich von den Aufzuchtbedingungen überzeugen.

Denken Sie daran: Abgeschobene Zwerge warten im Tierheim auf ein neues Zuhause. Vielleicht finden sie es ja bei Ihnen ...

Kaninchenleid verringern Besonders am Herzen liegen mir aber auch die zahllosen Tierheim-Kaninchen und die Zwerge, die in den Notfallstationen Aufnahme gefunden haben, nachdem sie abgeschoben oder ausgesetzt wurden. Nicht selten warten dort auch Jungtiere aus ungewollten Schwangerschaften auf ein neues Zuhause. Wenn Sie sich entschließen, solche Kaninchen bei sich aufzunehmen, tun Sie ein gutes Werk für die Kaninchengesellschaft. Vorteile: In der Regel sind die Rammler bereits kastriert und Paare zusammengeführt. Das erspart die unter Umständen problematische Vergesellschaftung (→ Seite 42). Oft kennt das Pflegepersonal auch die Vorlieben und Eigenarten seiner Schutzbefohlenen sehr gut. Einen Nachteil darf man allerdings nicht verschweigen. Einige Kaninchen haben nach schlechten Erfahrungen das Vertrauen zu den Menschen verloren. Für Einsteiger in der Kaninchenhaltung sind diese Problemkinder nicht geeignet, sie verlangen die kundige Hand eines »alten Hasen«. Aber keine Angst: Kein verantwortungsvoller Tierschützer wird einen Neuling ins offene Messer laufen lassen, sondern solche Tiere nur an erfahrene Halter vermitteln.

PAUL UND PAULA EROBERN IHR NEUES ZUHAUSE

Die jungen Zwergkaninchen leben nun schon zwei Wochen bei ihren Menschen. Sie hatten viel Zeit, um sich in aller Ruhe einzugewöhnen. Das war gut so, weil die Kleinen viel Stress bewältigen mussten. Da waren der Umzug aus dem vertrauten Gehege in die unbekannte Umgebung, der Transport nach Hause, die fremden Gerüche und Geräusche und die fremden Menschen. Doch heute sind Paul und Paula schon ziemlich gut mit Sina, Maike, Jutta und Hans vertraut.

- Alle nähern sich Paul und Paula stets von vorne und lassen sie dabei an der Hand schnuppern. Dabei gehen sie in die Hocke, um weniger bedrohlich auf die Kleinen zu wirken.
- Im direkten Umfeld von Paul und Paula ist die Familie darauf bedacht, möglichst wenig Lärm zu machen.

Verführung pur. Da darf sich kein Kaninchenhalter wundern, wenn sich seine Lieblinge über den Einkaufskorb hermachen. ▶

- Sie locken die Zwergkaninchen mit ruhiger Stimme und einem besonderen Leckerbissen wie zum Beispiel einem Petersilienstängel in der Hand zu sich. Dabei nennen sie leise die Namen der Kleinen.
- Keiner kommt auf die Idee, die beiden Zwerge zu stören, wenn sie Siesta halten, fressen oder sich in ihr Häuschen zurückgezogen haben.
- Niemand will Paul und Paula gewaltsam einfangen oder jagt ihnen hinterher, wenn sie frei im Zimmer laufen. Die Kleinen gehen meist freiwillig in Gehege oder Käfig zurück.
- Jedes Familienmitglied weiß, dass man Kaninchen nicht plötzlich von oben greift. Immer zuerst leise ansprechen und erst an der Hand schnuppern lassen.

Zwergkaninchen sind umgängliche Tiere, aber als Kinderspielzeug völlig ungeeignet. Erklären Sie das Ihren Kindern bereits vor dem Kauf.

KINDER UND IHRE ZWERGKANINCHEN

Es ist unbestritten und längst wissenschaftlich belegt: Tiere tun der Entwicklung von Kindern gut. Die Kinder lernen Verantwortung zu übernehmen, sie vertrauen den tierischen Freunden ihre Sorgen und Nöte an, können später besser auf ihre Mitmenschen eingehen und sie respektieren. Niemals allerdings sollten Tiere – gleich ob Rennmaus, Vogel oder Zwergkaninchen – leichtfertig oder aus einer Laune heraus für Kinder angeschafft werden. Tiere sind Lebewesen, für die wir viele Jahre Fürsorge übernehmen müssen, im Fall der Zwergkaninchen für acht und mehr Jahre. Welche Werte vermitteln wir Kindern, wenn wir es billigend in Kauf nehmen, dass Heimtiere unzureichend gepflegt und versorgt werden und kein lebenswertes Leben führen dürfen? Eltern haben hier eine wichtige Vorbildfunktion und eine Verantwortung, der sie sich nicht entziehen können.

- Nehmen Sie keine Zwergkaninchen ins Haus, solange Ihre Kinder noch im Kindergartenalter sind. Die motorischen Fähigkeiten der kleinen Menschenkinder sind in diesem Alter noch nicht voll ausgereift. Die Tiere werden häufig zu grob angefasst oder versehentlich fallen gelassen.
- Erst im Schulalter sind Kinder in der Lage, die Bedürfnisse der Kaninchen zu verstehen, richtig mit ihnen umzugehen und sie zu versorgen. Aber immer unter Aufsicht der Eltern.
- Eltern müssen bereit sein, notfalls selbst die Versorgung der Kaninchen zu übernehmen. Es passiert häufig genug, dass Kinder nach kurzer Zeit das Interesse an den Tieren verlieren. Die Kaninchen einfach ins Tierheim abzuschieben, wäre verantwortungslos und zugleich ein schlechtes Vorbild für die Kinder, denen wir ein Gefühl für Verantwortung und Respekt vor den Mitgeschöpfen vermitteln sollten.
- Trennen Sie sich nicht sofort von den Kaninchen, wenn Ihre Kinder anderen Interessen nachgehen. Suchen Sie gemeinsam nach Kompromissen. Stellen Sie einen Pflegeplan auf, in dem jeder einen Teil der Versorgung der Tiere übernimmt.
- Versuchen Sie, die Zwergkaninchen für Ihre Kinder wieder interessant zu machen, indem Sie ihnen von der Lebensweise, dem Verhalten und den Besonderheiten ihrer wild lebenden Verwandten erzählen.

KANN MAN ZWERGKANINCHEN ERZIEHEN?

Alle Kaninchen haben einen ausgeprägten Nagetrieb. So auch Rammler Herkules. Wenn der Zwergkaninchenmann Auslauf im Zimmer hat, ist rein gar nichts vor seinen Zähnen sicher. Ob Sofa, Sessel, Stuhl- und Tischbeine, Teppich, Tapete oder Gardinen – seine Nagespuren sind überall.

Besonders gefährlich in der Wohnung sind für die nagenden Zwerge stromführende Kabel, aber auch giftige Zimmerpflanzen (→ Adressen im Internet, Seite 142). Kabel sollte man am besten in Kabelkanälen verlegen, giftige Pflanzen müssen aus Zimmern entfernt werden, in denen die Kaninchen Auslauf haben. Die Halter von Herkules überlegen mittlerweile ernsthaft, ob sie ihm den Freigang sperren. So wie bisher kann es jedenfalls nicht weitergehen. Die Frage ist: Kann man Kaninchen das Nagen abgewöhnen oder es zumindest so weit erziehen, dass es nicht an unerlaubten Stellen nagt?

Herkules nagt in geordneten Bahnen Nagen ist für Kaninchen ein Grundbedürfnis, abgewöhnen kann man es ihnen nicht. Beim Nagen werden die ständig nachwachsenden Zähne abgeschliffen. Deshalb müssen die Tiere immer genügend Knabberkost zur Verfügung haben. Bei Herkules stellte sich heraus, dass er sie nicht regelmäßig und zu wenig davon bekam. Doch selbst nachdem das Nageangebot im Gehege stimmte, ließ er nicht von Stuhl- und Tischbeinen ab. Abhilfe brachte schließlich erst ein kräftiger Wasserstrahl aus der Wasserpistole, der den Nagewütigen traf, als er auf »frischer

Dem kleinen Wuschel geht es rundum gut. Übrigens lieben Kaninchen Kuscheldecken, um darin zu buddeln und zu graben.

Tat« ertappt wurde (→ Seite 54). Diese Erziehungsmaßnahme schadet dem Vertrauensverhältnis zum Menschen nicht, denn das Kaninchen bringt die unangenehme Wasserdusche nicht mit dem Menschen in Verbindung. Lassen sich Erziehungsregeln für ein Kaninchen aufstellen? Möglich ist es, aber ob die kleinen Hoppler immer dann gewünschtes Verhalten zeigen, wenn wir es möchten, sei dahingestellt.

Eine Frage der Motivation Wie auch andere Tiere lernen Kaninchen durch Erfahrungen – durch positive wie negative (→ Seite 52). Gute werden wiederholt, schlechte vermieden. Verstärken Sie ein Wunschverhalten durch besondere Anreize. Am besten klappt das mit Leckerbissen, die nicht ständig auf dem Speisezettel der Zwerge stehen, zum Beispiel ein Gemüsechip oder frische Petersilienstängel.

Sanftes Kraulen am Ohransatz lieben viele Zwergkaninchen überaus. Tiere, die mit ihrem Halter vertraut sind, fordern es manchmal regelrecht ein.

Der Tonfall Erwünschtes Verhalten wird von einer lockend-freundlichen Stimme unterstützt, etwa »Auf, Maxi, Sprung!« (→ Seite 117). Bei unerwünschtem Verhalten ist der Tonfall scharf und streng: »Lass das, Hoppel!« oder »Schluss jetzt, Bunny!«

Konsequent sein Es ist natürlich nicht in Ordnung, wenn Sie Ihrem Zwerg einmal erlauben, auf dem Tisch zu sitzen und Speisen zu stibitzen, ihn aber beim nächsten Mal beim gleichen Versuch verscheuchen. Bleiben Sie konsequent, denn nur dann wird das Kaninchen unerwünschte Vorlieben ablegen.

Klare Sprache Rufen Sie ein Tier stets mit den gleichen Worten oder kurzen Sätzen zur Räson.

Keine Strafen Jedem Tierfreund sollte klar sein, dass lautes Gezeter, ein Klaps mit Hand und Zeitung oder gar Tritte und Schläge keine geeigneten Erziehungsmaßnahmen sind. Im Gegenteil: Sie machen aus einem selbstbewussten Zwergkaninchen ein ängstliches, zitterndes Etwas oder führen zu aggressiven Verhaltensweisen. Als erlaubte und effektive »Strafe« hat sich allein die kalte Dusche des Wasserstrahls aus Blumenspritze oder Wasserpistole erwiesen. Dabei ist das Timing wichtig: Nur wenn die Sünder auf frischer Tat ertappt werden, verbinden sie die nasse Aktion auch mit ihrem Vergehen.

Die Hand des Menschen wird zum Glücksbringer, wenn die Zwerge sie mit Streicheleinheiten und Leckerbissen verbinden.

UMZUG AUF DIE SANFTE TOUR

In unserer mobilen Zeit sind Umzüge an der Tagesordnung. Damit verbinden wir unwillkürlich Hektik, Chaos, Stress. Das empfinden Zwergkaninchen genauso. Deshalb ist es am besten, die Tiere erst einmal aus dem ganzen Umzugstrubel herauszuhalten. Wohnungskaninchen haben in der Regel einen Käfig. Bringen Sie die Zwerge samt Käfig bei Freunden oder Verwandten unter. Ist das nicht möglich, räumt man zunächst ein Zimmer komplett aus, stellt dann den Käfig mit den Kaninchen in dieses Zimmer und schließt die Tür, bevor der eigentliche Umzugstrubel losgeht. Je nachdem, wie weit der neue Wohnort entfernt ist, sollten Sie das Innengehege für die Ankunft der Zwerge bereits in der neuen Wohnung eingerichtet haben. Transportieren Sie die Tiere in ihrer vertrauten und sicheren Transportbox. In die Box gehören etwas von der alten Käfigeinstreu, ein kochfestes Handtuch und natürlich Heu. Im neuen Zuhause angekommen, entlassen Sie Ihre Kaninchen in den gewohnten Käfig. Der kommt dann sofort in einen bereits eingerichteten Raum, der vom übrigen Umzugschaos möglichst verschont bleiben sollte.

AUF DEN ARM GENOMMEN Ich bin ein ganz besonders hübsches Kaninchen, Charlotte ebenso. Doch manchmal kann gutes Aussehen auch ein Fluch sein. Denn die Kinder möchten uns am liebsten den ganzen Tag herumtragen, uns knuddeln und beschmusen.

Das hassen Kaninchen! Wir wollen nicht ständig angefasst werden, und wir brauchen Ruhe.

Die Kinder und ihre Freunde Gestern war wieder einmal ein furchtbarer Tag für uns. Die beiden Kinder der Familie, Sophia und Jens, hatten Besuch von ihren Freunden. Sie machten so viel Lärm, dass wir vor Schreck in unser Häuschen im Käfig flüchteten. Doch es kam noch schlimmer. Die Kinder wollten unbedingt mit uns spielen. Sophia hob einfach unser Häuschen hoch und scheuchte uns mit der Hand durch die offene Käfigtür. Und schon packte mich Jens am Rückenfell und setzte mich auf seinen Arm. Charlotte landete in den Händen von Sophias Freundin. Jedes Mal, wenn uns jemand unvorbereitet von oben greift, bekommen wir beide fast einen Herzschlag. Es ist so, als ob ein Habicht oder eine große Eule ihre Krallen in unser Nackenfell schlagen würde. Und das bedeutet für uns immer Todesgefahr.

HANNIBAL

Der junge Zwergwidderrammler (10 Wochen) lebt mit Charlotte, seiner Partnerin, in einem großen Käfig mit anschließendem Auslaufgehege. Eigentlich geht es den beiden gut, wären da nicht die Kinder ...

Charlottes Sturz Sophias Freundin ist völlig unerfahren im Tragen von Kaninchen. Sie presst Charlotte so fest an sich, dass ihr jedes Mal alle Knochen weh tun. Gestern wehrte sich Charlotte strampelnd und kratzend und wurde prompt von dem Mädchen fallen gelassen. Charlotte hatte großes Glück. Sie kam mit dem Schrecken davon. Häufig enden solche Stürze nämlich mit komplizierten Knochenbrüchen.

Hochheben und Tragen Wie schon gesagt: Kein Kaninchen mag es, ständig herumgetragen zu werden. Wir haben viel lieber Boden unter den Pfoten. Vor allem wollen wir weder beim Fressen gestört werden noch dann, wenn wir relaxen (→ Foto, Seite 64). Wer uns hin und wieder hochnehmen und tragen möchte, sollte vorher unser Vertrauen gewinnen und sich uns immer »vorstellen«. Ein Leckerbissen wie ein Stückchen Möhre aus der Hand und leise, beruhigende Worte sind für mich zum Beispiel sehr wichtig. So kann ich mich darauf einstellen, dass ich gleich eine »Luftfahrt« mache. Kinder transportieren uns am besten in einem kleinen Korb. Wir lernen sogar, von alleine dort hineinzuspringen Beim Tragen des Korbes sollte eine Hand, sozusagen als Sicherheitsgurt, sanft auf unserem Rücken liegen.

ALLES GESCHMACKSACHE

Wenn der Tisch in der Natur reichlich gedeckt ist, erweisen sich Kaninchen als kleine Feinschmecker. Die zartesten Hälmchen, die jüngsten Knospen, die saftigsten Kräuter – das ist ganz nach ihrem Geschmack.

FEINE ZUNGEN Kaninchen haben einen ausgeprägten Geschmacksinn. Sie verfügen über rund 17.000 Geschmacksknospen, die sich vorwiegend auf der Zunge befinden. Verglichen mit unseren etwa 9000 Geschmackspapillen sind uns die kleinen Hoppler, was den differenzierten Geschmack betrifft, weit überlegen. Wie die meisten

Säugetiere können Kaninchen die Geschmacksrichtungen salzig, sauer, bitter und süß wahrnehmen. Wildkaninchen meiden konsequent Pflanzen, die Bitterstoffe enthalten, weil das auf unreifen Zustand oder gar Giftigkeit hindeutet. Bei Hauskaninchen ist diese Fähigkeit zum Teil verloren gegangen.

AUFREGUNG IM SCHREBERGARTEN

Vor ein paar Monaten siedelte sich eine Kaninchenfamilie im Park, ummittelbar neben einer Schrebergarten-Kolonie an. Aus Sicht der Wildkaninchen der ideale Wohnort: ruhige Lage und ein Supermarkt mit tagesfrischen Delikatessen direkt vor dem Bau. Was will man mehr? Doch die Menschen sehen so manches anders. In der Gartenkolonie entbrannten schon bald heftige Diskussionen zwischen Kaninchenfreunden und Kaninchengegnern. Jeder hatte ein anderes Rezept oder ein Hausmittelchen parat, um die Kaninchen von Blumen- und Gemüsebeeten fernzuhalten. Von Pfefferspray, Nelken- und Zitronenöl, stark duftender Seife, Tieröl (Franzosenöl) bis hin zu den handelsüblichen Lösungen gegen Wildverbiss war die Rede. Auf einen gemeinsamen Nenner kamen die Schrebergärtner aber nicht. Den größten Erfolg verzeichnen heute diejenigen Gartenbesitzer, die ihre Parzelle mit Kaninchendraht sichern oder Drahtmanschetten um die jungen Sträucher und Bäume legen. Den meisten Spaß haben aber die Kaninchen-Befürworter, die sich für eine friedliche Koexistenz mit den kleinen Pelztieren starkmachten. Sie besitzen einen Logenplatz, von dem aus sie dem quirligen Treiben ihrer neuen Nachbarn zuschauen können. Natürlich ist es für jeden Gärtner bitter, wenn ein Teil seines Gemüses in Kaninchenmägen verschwindet und seine Blumen und Sträucher angeknabbert werden. Merkwürdigerweise aber verzeichnen gerade die toleranten Schrebergärtner die wenigsten Schäden, oder sehen sie die Dinge einfach nur anders?

Mmmh, lecker! Bei Fallobst kann kein Kaninchen widerstehen. Doch zu viel Süßes ist ungesund. Obst bitte immer nur sparsam anbieten.

EINE REISE IN DEN KÖRPER

Vor allem im Winter ist das Nahrungsangebot der Natur für die Wildkaninchen bescheiden. Dann ernähren sie sich notgedrungen von Baumrinden, Moosen und Flechten. Aber auch mit dieser nährstoffarmen Nahrung kommen sie gut über die kalte Jahreszeit, denn ihr Verdauungssystem ist darauf eingestellt, auch aus dem dürftigsten Futter noch das Beste herauszuholen. Doch was passiert eigentlich genau bei der Nahrungsaufnahme, und wie wird das Futter im Körper des Kaninchens verarbeitet? Das sollten Sie wissen, denn das Verdauungssystem der Tiere ist zwar ein Wunderwerk der Natur, aber auch äußerst empfindlich, wenn sie als Heimtiere nicht richtig gefüttert werden.

Schneide- und Mahlwerk Kaninchen sind reine Pflanzenfresser, die viel rohfaserreiche Kost brauchen. Mit ihren scharfen Schneidezähnen beißen die Mümmelmänner mundgerechte Teile der Futterpflanze ab und zermahlen sie auf den Kauflächen der Backenzähne. Der Unterkiefer bewegt sich dabei mit etwa 120 Kaubewegungen pro Minute vor und zurück und zur Seite.

1 Möhrchen liebt Karotten- und Apfelchips. Ein Karottenstückchen hat der naseweise Gourmet ergattert. Bleibt die Frage: Wie komme ich an die anderen?

Eine besondere Verdauung Die Nahrung wird im Mund eingespeichelt und verschluckt. Im Magen bleibt sie zunächst liegen, da sie von der sehr schwachen Magenmuskulatur weder zerkleinert noch weitertransportiert werden kann. Erst wenn wieder Futter von oben nachkommt, wird der Nahrungsbrei in den Dünndarm geschoben. Im Dünndarm finden die eigentlichen Verdauungsvorgänge statt. Fette, Kohlenhydrate und Eiweiß werden mithilfe von Gallenflüssigkeit, der Leber und Sekret aus der Bauspeicheldrüse zerlegt. Die schwer verdaulichen Pflanzenteile werden im Dickdarm von Mikroorganismen und Bakterien zersetzt. Vom Dickdarm zweigt der große Blinddarm ab, der – typisch Pflanzenfresser – fast ein Drittel des Verdauungstrakts einnimmt. Hier bildet sich der nährstoffhaltige Blinddarmkot aus noch nicht vollständig aufgeschlossenen ballaststoffreichen Pflanzenteilen. Dieser feucht glänzende und traubenförmige Weichkot ist reich an Eiweißen, lebenswichtigen Vitaminen, speziell Vitamin B, und anderen Stoffen. Die Kaninchen nehmen die »Vitaminpillen« direkt vom After auf und verwerten sie so noch einmal. Im Enddarm schließlich bilden sich die eigentlichen, trockenen Kotbällchen, die dann ausgeschieden werden.

Info Kaninchen müssen ständig mümmeln, damit die Nahrung vom Magen in den Darm geschoben wird. Auch die Zwergkaninchen nehmen täglich 70 bis 120 kleine Futterportionen zu sich.

ZWERGKANINCHEN-SPEISEPLAN

Die Ernährung von Kaninchen liefert immer noch heißen Diskussionsstoff. Was ist artgerecht, was ist ungesund, was und wie viel darf man den Zwergen geben? Glücklicherweise weiß man heute einiges mehr über die gesunde Ernährung der kleinen Hoppler als

2 Das war wohl nix! Der Sprung ins Leckerland ist danebengegangen. Also muss schleunigst eine neue Strategie her.

3 Na also, klappt doch: Mit seinem ganzen Zwergengewicht hat Möhrchen das Glas umgekippt. Chip, Chip, hurra!

noch vor wenigen Jahren. Zum Beispiel, dass ausschließliches Füttern mit Fertigfutter den wichtigen Zahnabrieb nur unzureichend unterstützt und auf Dauer sogar Darmerkrankungen zur Folge haben kann. Aber auch, dass eine plötzliche Futterumstellung das Verdauungssystem der Kaninchen völlig aus dem Takt bringt (→ Seite 93). Dass man seinen kleinen Hopplern immer etwas zu futtern anbieten muss, damit ihr Darm in Bewegung bleibt (→ linke Seite), wissen heute die meisten Halter. Auch dass Knabberstangen und andere Kalorienbomben die schlanke Linie in Gefahr bringen und Verdauungsprobleme hervorrufen. Doch wie ernährt man die Tiere gesund?

Heu und immer wieder Heu Hochwertiges Heu ist die Basis der gesunden Kaninchenernährung und muss rund um die Uhr verfügbar sein. Heu reguliert die Verdauung, hält schlank und sorgt für guten Zahnabrieb. Gutes Heu besteht aus vielen verschiedenen Gräsern, Blüten und Kräutern, hat eine frische, grüne Farbe und duftet aromatisch. Wer nicht selbst Heu machen kann und keinen Bauern als Lieferanten in der Nähe hat, findet im Zoofachhandel ein breites Angebot verschiedener Sorten von Kräuter- und Wiesenheu.

Saftiges Frischfutter Wildkaninchen »mümmeln« so ziemlich alles, was ihnen an frischen Pflanzen, Kräutern, Saaten, Gemüse, Obst und Blumen vors Mäulchen kommt. Auch die Zwergkaninchen können ohne Frischkost nicht artgerecht ernährt werden. Allerdings ist für sie nicht alles unbedenklich, was ihre wild lebenden Verwandten verputzen. Und die Minis in Menschenhand erkennen häufig nicht mehr, was giftig und unreif ist und ihnen vielleicht Bauchschmerzen bereitet.

Wenn es die Möglichkeit gibt, dann wird auch das Trinken in Kaninchenkreisen zu einer geselligen Angelegenheit. Frisches Wasser ist das beste Kaninchengetränk.

WAS DARF ICH MEINEN ZWERGEN FÜTTERN?

Zwergkaninchen können ihr Futter nicht selbst aussuchen, sondern müssen mit dem vorliebnehmen, was wir ihnen vorsetzen. Diese Gräser, Kräuter und Blumen sind bekömmlich und werden gern genommen: saftiges Gras, Gänseblümchen, Löwenzahn, Spitz- und Breitwegerich, Schafgarbe, Luzerne, Huflattich, Sonnenblume, Ringelblume, junge Brennnesseln, Kamille, Ackerminze, Dill, Basilikum, Kerbel, Melisse, Salbei, Liebstöckel, Bohnenkraut und Petersilie. Gemüse: alle Salate (natürlich nur ungespritzt – entweder Bioware oder aus dem eigenen Garten), Brokkoli, Möhren mit Kraut, Chinakohl, Grünkohl, Paprika, Fenchel, Frisée, Pastinake, Knollensellerie, Staudensellerie, Steckrübe, Topinambur und Gurken. Unverträglich und zum Teil giftig: grüne Tomaten, rohe Bohnen, Lauchgewächse und rohe Kartoffeln samt Kraut. Die besten Obstsorten: Apfel, Birne, Melone, Hagebutten, Brombeeren,

Erdbeeren, Johannisbeeren, Himbeeren. Unverträglich: Papaya, Avocado, Litschi, Mango. Eine Apfelspalte pro Tag fördert die Verdauung und beugt Darmproblemen vor. Alle anderen Obstsorten sollten Sie sparsam und nicht regelmäßig geben, da sie zum Teil sehr zuckerhaltig sind.

Gesunde Knabberkost Das Knabbern an Ästen, Zweigen und Wurzeln sorgt für gesundes Zahnfleisch und natürlichen Zahnabrieb. Außerdem enthält die Rinde wichtige Nährstoffe und sorgt für Beschäftigung. Als Knabbermaterial eignen sich Zweige von Apfel, Birne, Haselnuss, Rottanne, Erle, Fichte, Birke, Buche, Pappel, Ahorn, Linde, Esche und Weide. Alle unbehandelt und ungespritzt, aber gerne mit Blättern und Knospen. Giftig oder unverträglich sind: Eibe, Thuja, Eiche, Forsythie, Kastanie (→ auch Adressen im Internet, Seite 142).

AUGEN AUF BEIM FERTIGFUTTER-KAUF

Abwechslungsreich ernährte Zwergkaninchen brauchen kein Fertigfutter. Aber besonders Stadtmenschen haben es oft schwer, ihre Tiere optimal mit »frischer Wiese« zu versorgen. Hier kann hochwertiges Fertigfutter zum Einsatz kommen. Allerdings nicht als Alleinfutter, sondern zusätzlich zur täglichen Heuration, zum Saftfutter und zur Knabberkost. Achten Sie beim Kauf von Fertigfutter immer auf die Inhaltsangaben: Werden gleich in den ersten Zeilen Getreide, Nüsse, Melasse genannt, sollten Sie am besten die Finger davon lassen, denn das sind Dickmacher. Gesundes Fertigfutter enthält vor allem getrocknete Gräser, Kräuter und Gemüse. Bei diesen Produkten beträgt der Rohfasergehalt mindestens 16 Prozent, der Proteingehalt maximal 15 Prozent. In letzter Zeit macht sogenanntes Struktur-Trockenfutter von sich reden, das aus natürlichen Komponenten wie Luzerne, Maisflocken, Möhre besteht. Es sorgt im Gegensatz zu den Pellets auch für den wichtigen natürlichen Zahnabrieb.

VON FAST FOOD AUF NATÜRLICHE NAHRUNG

Die junge Häsin Millie wurde bei einem Züchter geboren und dort ausschließlich mit Trockenfutter ernährt. In ihrem neuen Zuhause lehnt man jedoch jegliche Art von Fertigfutter ab. Hier kommt nur Frisches auf den Tisch, und selbstverständlich werden auch die Tiere mit gesunder Frischkost ernährt. Gut gemeint, aber für Millie zunächst ein Riesenproblem. Am Anfang mümmelte sie nur ein wenig Heu, denn Trockenfutter gab es ab sofort nicht mehr. Den frischen Gemüseteller ließ sie links liegen – sie kannte diese Art von Futter schlichtweg nicht. Doch dann siegte der Hunger, und Millie stürzte sich gierig auf die saftigen Happen. Die Folge: Bauchschmerzen mit heftigem Durchfall. Der Tierarzt riet zu einer Diät mit Heu und Wasser, dazu etwas Kamillentee.

Langsam umstellen Kein Kaninchen verträgt abrupte Futterumstellungen. Wenn ein Zwerg bei ihnen einzieht, sollten Sie ihn zunächst so weiterernähren, wie er es gewohnt ist, selbst

SCHON GEWUSST?

- Bei der Beurteilung eines Futters ist nicht nur der Geschmacksinn beteiligt, sondern auch der Geruchsinn. Die Duftstoffe werden in der Nasenschleimhaut aufgenommen, dort von Riechzellen verarbeitet und zur Beurteilung ins Gehirn weitergeleitet.

- Kaninchen haben wie auch etwa Pferde und Bären eine angeborene Vorliebe für Süßes. In der Natur macht das Sinn, denn süße Speisen haben einen hohen Kohlenhydratgehalt und stellen so die Versorgung mit schnell verfügbarer Energie sicher – und süß Schmeckendes ist so gut wie nie giftig. Für unsere »Wohlstandskaninchen« sind Knabberstangen & Co. ungesund. Sie machen dick und verursachen Verdauungsprobleme.

Ein Sprung in die Heuraufe, und schon sitzt man mitten in der »getrockneten Wiese«. Der aromatische Duft regt den Appetit an.

wenn er ausschließlich Trockenfutter kennt. Stellen Sie die Ernährung des kleinen Hopplers vorsichtig im Verlauf von drei bis vier Wochen um. Reduzieren Sie das Trockenfutter nach und nach. Geben Sie anfangs nur eine Apfelspalte (ohne Kerne) dazu, dann ein wenig Löwenzahn oder Grashalme. Verträgt das Kaninchen alles gut, gibt es täglich größere Portionen Frisch- und immer weniger Trockenfutter.

Neue Obst- und Gemüsesorten Bieten Sie Ihren Zwergen zunächst nur kleine Portionen davon an. Die geformten trockenen Kotkügelchen geben Auskunft, ob das neue Angebot dem Zwerg gut tut. Manche Tiere reagieren empfindlich auf bestimmte Sorten, andere futtern sie ohne Probleme.

Frühjahrsgefahren Wohnungskaninchen müssen im Frühjahr langsam an den Aufenthalt im Freigehege gewöhnt werden. Sie stürzen sich sonst gierig auf das frische Grün und überfressen sich. Geben Sie den Tieren bereits in der Wohnung Kostproben in Form von Löwenzahn und Grashalmen.

FÜTTERUNGS-TIPPS

Diese Punkte sollten Sie beim Füttern Ihrer Zwergkaninchen beachten:

Fütterungszeiten Wildkaninchen gehen vor allem am zeitigen Morgen und in der Abenddämmerung auf Nahrungssuche. Deshalb werden meine Zwerge morgens und abends gefüttert. Heu und frisches Wasser stehen ihnen natürlich rund um die Uhr zur Verfügung.

Futtermenge Wie viel Futter ein Kaninchen braucht, hängt von verschiedenen Faktoren wie Bewegung, Alter, Trächtigkeit, Außen- oder Innenhaltung ab. Als Richtwert pro Zwerg gilt: zweimal täglich eine Handvoll Grünfutter wie Löwenzahn, Möhrengrün und Salat, dazu eine Möhre, ein Stückchen Knollensellerie und eine Apfelscheibe. Es gibt viele Möglichkeiten, mit denen man für Abwechslung sorgen kann (→ Seite 92). Bei Mischernährung mit Frisch- und Trockenfutter reichen erwachsenen Tieren etwa 30 Gramm hochwertiges Fertigfutter pro Tag.

Der Mix macht's Frischfutter stets gemischt anbieten und nicht nur eine Sorte. Das gilt auch für Knabberkost (→ Seite 92). Einseitige Ernährung kann Mangelerscheinungen und Verdauungsprobleme hervorrufen.

Frisch und knackig Frischfutter darf nicht welk, verschimmelt oder gefroren angeboten werden.

Futter-Sammelplätze Sammeln Sie keine Futterpflanzen an schadstoffbelasteten Straßenrändern oder auf Wiesen, die als Hundespielplatz dienen oder wo Herbizide und Pestizide eingesetzt werden. Gut geeignete Futter-Sammelplätze sind naturbelassene Wiesen, Waldränder, alte Friedhöfe sowie verwilderte oder unbebaute Grundstücke.

Gut waschen! Die Schadstoffe, mit denen Pflanzen belastet sind, kann man nicht auswaschen. Doch äußerliche Verunreinigungen lassen sich unter lauwarmem Wasser gut entfernen. Danach vor dem Verfüttern alles gut abtropfen lassen.

Damit Zwergkaninchen schlank und fit bleiben, **brauchen sie sehr viel Bewegung.** Das ist auch für die geregelte Verdauung wichtig.

NACHGEFRAGT

Was bewirkt eine falsche Ernährung?

Priv. Doz. Dr. med. vet. Birgit Drescher ist niedergelassene Tierärztin und bietet über ihre Praxistätigkeit hinaus Fortbildungen zu Kaninchen- und Nagerthemen für Tierärzte und Tierärztinnen an.

Welche Gesundheitsprobleme von Zwergkaninchen lassen sich auf eine falsche Fütterung zurückführen?

Durch eine stärkereiche und zellulosearme Fütterung können sich über kurz oder lang folgende Erkrankungen entwickeln: Übergewicht mit der Folge von Verfettung und Bewegungsunlust, chronischer Durchfall mit der Folge einer auf Dauer kotverschmierten Anogenitalregion, Fliegenbefall in der wärmeren Jahreszeit mit Ablage von Fliegeneiern in die Haut und Entwicklung von Fliegenmaden innerhalb weniger Tage, Trommelsucht der Kaninchen als Folge von Fehlgärungen im Blinddarm. Die Stärke wird zu Zucker abgebaut, und dieser wird durch Hefen vergoren. In der Folge bilden sich Gase, die nicht entweichen können, sodass der Darm aufgast und die Tiere hochgradige Bauchschmerzen erleiden. Bei der Futteraufnahme werden Körner mit den Zähnen zerquetscht, und das Futter wird nicht lange genug mit den Backenzähnen gemahlen, sodass der Zahnabrieb ungenügend ist und überlange Zähne entstehen. Folge: Die Tiere entwickeln in die Zunge oder die Backenschleimhaut einspießende und einwachsende Zähne, die die Nahrungsaufnahme schmerzhaft machen.

Viele Halter möchten ihr Kaninchen gern hin und wieder verwöhnen. Welche Leckerbissen sind unbedenklich?

Frische und getrocknete Kräuter wie Petersilie, Dill, Salbei, Basilikum sowie alle Blätter von Kohlrabi, Spinat, Pastinaken, Karotten, gut vorgewaschenen Salaten, Chicorée und Gräser in jeder Art und Größe, ob frisch oder als Heu getrocknet mit Ausnahme des frisch gemähten Rasengrases. Letzteres verursacht Magen-Darm-Probleme durch Aufgasung mit heftigsten Bauchschmerzen und Vergiftungserscheinungen bis hin zum Tod.

SAUBER UND GEPFLEGT

Körperpflege wird in Kaninchenkreisen großgeschrieben. Die Tiere putzen sich mehrmals am Tag ausgiebig von Kopf bis Fuß. Das beugt nicht nur lästigen Parasiten vor, sondern erhält auch die Schutzfunktion des Fells.

PERFEKT GEPFLEGT Der Sinn für penible Fellpflege ist Kaninchen angeboren. Allerdings gehört ein wenig Übung dazu, um bei einer Vollwäsche auch zum gewünschten Erfolg zu kommen. Beim ganz jungen Nachwuchs sieht man immer wieder, wie der »Kratzfuß« des Hinterbeins nicht dort im Fell landet, wo es juckt, sondern zu einer

unkontrollierten Luftnummer wird. Aber Kaninchen üben fleißig und lernen schnell. Und schon bald klappt die Motorik bei den kleinen Saubermännern fehlerfrei. Erwachsene Tiere investieren übrigens insgesamt gut zwei Stunden täglich in ihre Körperpflege.

EINE GRÜNDLICHE PUTZAKTION

Kaninchen lieben Schnee. Das kann man bei Tieren, die ganzjährig im Außengehege leben, schön beobachten. Sie hoppeln und rennen durch die kalte Pracht, sie buddeln und graben, wenn die Schneedecke hoch genug ist (→ Foto-Story, Seite 18/19). Der dichte Winterpelz hält warm, auch wenn der Schnee schon am Brustfell »klebt«, wie auf dem Foto rechts zu sehen ist. Zwischendurch wird das Haarkleid wieder in Ordnung gebracht. Dabei schüttelt sich das Kaninchen so, dass die Flocken stieben. Jetzt hat es seinen Pelz schon einmal von der gröbsten »Schneelast« befreit. Dann kann die Gesichtswäsche in Angriff genommen werden. Dazu Pfoten mit der Zunge befeuchten, und los geht's. Selbst hinter den Ohren wird sich gründlich gewaschen. Anschließend beknabbert der kleine Hoppler seine Beine, Rücken, Flanken und Bauch mit den Zähnen, um Schmutz und loses Fell zu entfernen. Auch das gezielte – akrobatisch anmutende – Kratzen mit den Hinterpfoten gehört zu einer gründlichen Fellpflege. Ein gut gepflegter Pelz ist für Kaninchen, die draußen leben, besonders wichtig. Er bietet Schutz bei kaltem und nassem Wetter und verhindert, dass sich Parasiten wie etwa die gefährlichen Fliegenmaden, die ein Tier im wahrsten Sinne des Wortes bei lebendigem Leib auffressen, einnisten können. Vom Frühjahr bis in den frühen Herbst hinein tragen die kleinen Pelztiere einen leichten Sommerpelz, in der kalten Jahreszeit dagegen einen wärmenden Winterpelz. Wildkaninchen wälzen sich, besonders während der trockenen Jahres-

Dieser Zwerg und seine Artgenossen leben ganzjährig im Freigehege. Nach dem »Schneespaziergang« ist Fellpflege angesagt.

zeit, gern in selbst gegrabenen Mulden. Und meine Mümmelmänner lieben Sandbäder in einer Holzkiste. Anscheinend wirkt solch ein Bad wie eine wohltuende Massage. Kaninchen unterstützen sich übrigens auch gegenseitig bei der Fellpflege. Sie beknabbern Kopf, Ohren und einen schmalen Streifen der Rückenlinie vom Nacken bis etwa zur Rückenmitte. Allerdings geht es bei diesem Verhalten in erster Linie darum, die Beziehung zueinander zu festigen, denn solch eine Partnermassage sorgt für höchstes Wohlbefinden, wie Sie vielleicht aus eigener Erfahrung wissen. Aber letztendlich hat es natürlich auch den praktischen Nebeneffekt, dass schwer erreichbare Körperstellen auf angenehmste Weise vom Partner »bearbeitet« werden.

EINE HAARIGE ANGELEGENHEIT

Seit letzter Woche geht es Flauschi, dem Teddyzwergkaninchen, besser. Bis dahin hatte der Zwerg mit einem fast undurchdringlichen Filzpanzer am Körper leben müssen. Anfangs sah Flauschis langes, weiches Fell besonders hübsch aus. Doch dass solch ein Fell täglich gebürstet werden muss, damit es schön bleibt, darüber hatte sich

Die Analregion muss immer sauber und trocken sein. Kotverschmierte Hinterteile und verklebte Stellen im Fell unbedingt säubern oder die Haare abschneiden.

Marion, seine Besitzerin, nicht informiert. Flauschis ständig nachwachsendes Haarkleid machte ihm das Leben mehr und mehr zur Hölle. Das Kaninchen konnte nicht mehr normal herumhoppeln. Die Haare wuchsen ihm in die Augen und reizten die Hornhaut. Nur unter größten Problemen gelang es Flauschi hin und wieder, den lebenswichtigen Blinddarmkot vom After aufzunehmen (→ Seite 90). Im Sommer litt das arme Tier Höllenqualen in seinem dicken Pelzmantel. Zwar versuchte Marion, den Zwerg zu kämmen. Doch schon bald gelang es ihr nicht mehr, die verfilzten Stellen zu entwirren. Abgesehen davon waren diese schmerzhaften Prozeduren für den Zwerg so schlimm, dass er immer scheuer wurde. Schließlich blieb nur noch der Gang zum Tierarzt. Der Zwerg bekam eine Narkose und wurde geschoren. Seither trägt Flauschi eine schicke Kurzhaarfrisur, die jedoch alle drei bis vier Wochen nachgeschnitten werden muss. Leider kommt er auch weiterhin nicht um die tägliche Bürstenprodzedur herum.

Wer sich ein Teddy- und Angorazwergkaninchen anschaffen möchte, muss sich über deren hohen Pflegeaufwand im Klaren sein. Und wem bewusst ist, dass sich das Fluchttier Kaninchen von Haus aus nicht sonderlich gern anfassen lässt, kann sich vorstellen, wie ein Teddy- oder Angorazwerg unter dem täglichen Bürstenprozedere leidet. Bei dem Versuch, ihr Fell zu pflegen, verschlucken Langhaarrassen zudem besonders viele Haare, die sich im Magen zu Ballen, den sogenannten Bezoaren, sammeln können. Das führt häufig zu Verdauungsproblemen wie etwa einer Verstopfung und – im schlimmsten Fall – zu einem tödlichen Magen- oder Darmverschluss. Presst das Tier nur unter großer Anstrengung Kotbällchen hervor, steht der unmittelbare Besuch beim Tierarzt an.

Kurzhaarkaninchen Gesunde, kurzhaarige Zwerge halten ihr Fell selbst in Schuss. Nur wenn der ungemütlich juckende Fellwechsel im Frühjahr und Herbst ansteht, können Sie Ihre zahmen, Streicheleinheiten gewöhnten

Ein wichtiges Gebot für die Gesunderhaltung ist Sauberkeit im Kaninchenheim. Dann ist die Körperpflege für Ihre Zwerge ein Kinderspiel.

Wohnungskaninchen ein- bis zweimal in der Woche bei der Fellpflege unterstützen und abgestorbene Haare mit einer Naturborstenbürste in Wuchsrichtung des Fells ausbürsten. Übrigens haaren Wohnungskaninchen weniger stark, dafür aber über einen längeren Zeitraum als ihre Artgenossen im Freigehege. Kaninchen, die ganzjährig draußen leben, brauchen keine menschliche Unterstützung bei der Fellpflege. Sie streifen abgestorbene Haare alleine ab.

Langhaarkaninchen Alle langhaarigen Kaninchen müssen täglich gekämmt und gebürstet werden, damit ihr Fell nicht verfilzt, und sollten, zumindest während der warmen Jahreszeit, unbedingt eine Kurzhaarfrisur tragen. Aber Achtung, beim Schneiden der Haarpracht ist die Verletzungsgefahr des Tieres groß. Holen Sie sich Rat beim Tierarzt oder einem erfahrenen Kaninchenhalter. Übrigens zählen inzwischen auch viele Hundefriseure Kaninchen zu ihren Kunden. Für eine ganzjährige Außenhaltung sind Langhaarkaninchen nicht geeignet. Ihr Fell bietet aufgrund seiner Struktur keinen ausreichenden Schutz vor Nässe und Kälte, und es verschmutzt draußen zu schnell. Im Sommer ziehen verfilzte und kotverschmierte Fellhaare Parasiten magisch an. Langhaarkaninchen haben in freier Natur keine Überlebenschance.

Baden – kein Spaß für Kaninchen Kaninchen lieben keine Bäder und brauchen sie auch nicht, höchstens aus medizinischen Gründen wie etwa bei dem Befall mit Hautparasiten. In diesem Fall gibt der Tierarzt genaue Anweisungen. Durchfall und unsaubere Haltungsbedingen sind jedoch oft die Ursache für kotverschmierte Hinterteile. Ich habe schon Kaninchen gesehen, denen regelrechte »Kotplatten« am Popo hingen. Und das ist gefährlich. Zum einen zieht es Parasiten an, zum anderen ist die Aufnahme des Vitaminkots behindert. Selbstverständlich müssen die Ursachen behoben werden. Eine Sofortreinigung der Hinterpartie wird nötig. Je nach Verschmutzungsgrad hilft nur noch das Einweichen der Hinterpartie in einem Kamillenbad. Den Zwerg dabei gut festhalten und anschließend das Fell abtrocknen.

Der leichte, warme Sommerregen macht dem Zwerg nichts aus. Er befreit den Pelz von Schmutz und massiert die Haut.

1 Pumuckel bei der Fellpflege. Zuerst die Vorderpfötchen mit der Zunge befeuchten und dann gründlich das Gesicht waschen.

GESUNDE ZWERGE BRAUCHEN WENIG HILFE

Stimmen die Haltungsbedingungen und lässt man sich nicht von Äußerlichkeiten – wie etwa ein extrem flaches Gesicht oder ein besonders flauschiges Fell – zum Kauf verleiten, ist eine unterstützende Körperpflege des Kaninchens durch uns Menschen überflüssig. »Normale« Zwergkaninchen sind durchaus in der Lage, sich selbst ausreichend zu pflegen.

Krallen Bei Kaninchen, die auf verschiedenen Untergründen laufen dürfen, nutzen sich die ständig nachwachsenden Krallen von alleine ab. Im Außengehege bedeutet das zum Beispiel, verschiedene Zonen (Sand, Erde, Rasen, Rindenmulch) anzulegen. Im Innengehege der Wohnung bieten etwa einzelne Gehwegplatten, Korkröhren und eine sandgefüllte Kiste, auf derem Boden eine große Fliese liegt, Abnutzungsmög-

2 Seine Hinterläufe beknabbert Pumuckel mit den Zähnen, um Schmutz und loses Fell zu entfernen.

3 Auch bei den Vorderläufen nimmt Pumuckel eine gründliche Reinigung vor. Nur wer saubere »Sohlen« hat, ist gut zu Fuß.

lichkeiten. Zu lange Krallen müssen geschnitten werden. Die Handgriffe sollte man sich von einem Tierarzt zeigen lassen.

Zähne Zahnprobleme entstehen meist aufgrund falscher Fütterung und fehlendem Nagematerial (→ Seite 93) sowie Gebissfehlstellungen, die auf eine genetische Vorbelastung zurückzuführen sind.

Augen Unter Hornhautreizungen, tränenden Augen, Bindehautentzündungen leiden verstärkt Kaninchenrassen, deren Haare in die Augen wachsen oder deren Tänenkanal verengt ist, weil ihre Gesichter besonders flach gezüchtet wurden. Natürlich können auch zum Beispiel Zugluft, staubiges Heu, ein Tumor oder Zahnprobleme diese Symptome hervorrufen.

Ohren Vor allem die schlecht belüfteten Hängeohren der Widderzwerge müssen häufig kontrolliert werden (→ rechts).

SCHON GEWUSST?

- Die Ohrlänge eines Widderkaninchens mit seinen Hängeohren wird quer über den Kopf – von Ohrspitze zu Ohrspitze – gemessen. Die Englischen Widderkaninchen bringen es auf eine Spannweite von bis zu 70 Zentimetern.
- Widderkaninchen hören schlechter als ihre Artgenossen mit Stehohren. Sie sind in ihrem Ohrspiel und damit auch in ihrer Körpersprache eingeschränkt. Die langen Ohren verringern außerdem das Sichtfeld des Tieres.
- Die Ohren eines Widderzwergs müssen regelmäßig kontrolliert werden. Überschüssiges Schmalz mithilfe eines Papiertaschentuchs entfernen. Beläge, Verkrustungen, anhaltendes Ohrschütteln muss der Tierarzt behandeln.

DIE SACHE MIT DER STUBENREINHEIT Wir Kaninchen achten auf Sauberkeit. Auch und gerade wenn es ums »Geschäft« geht. Ich benutze dafür grundsätzlich eine bestimmte Ecke im Käfig. Nur wenn ich frei im Zimmer laufen darf, lasse ich die hier extra aufgestellte Toilette links liegen. Warum? Das ist ganz einfach: weil mir der Platz dafür nicht passt!

Wir sind Individualisten Eigentlich hat Tina, unsere Besitzerin, alles richtig gemacht, als sie uns die Benutzung der Toilette beibrachte. Nachdem sie beobachtet hatte, welche Käfigecke Cleo und ich fürs Geschäfte bevorzugen, hat sie dort eine kleine Ecktoilette hingestellt, die mit Strohpellets gefüllt war. Obenauf lagen ein paar unserer Kotkügelchen und etwas harngetränkte Einstreu. Der vertraute Geruch hat dafür gesorgt, dass wir die neue Toilette schnell akzeptierten. Für den täglichen Auslauf stellte Tina ein Katzenklo mit Kleintierstreu und einigen Bröckchen unserer eigenen Hinterlassenschaften ins Zimmer. Mittlerweile waren wir schon sehr vertraut mit Tina. Deshalb nahmen wir es ihr auch nicht allzu übel, dass sie uns mit einem scharfen »Pfui!« bedachte, sobald einer von uns die gewohnte Stubenreinheit während des Freilaufs vergaß. Tina setzte uns dann sofort auf das Katzenklo. Verrichteten wir dort unser Geschäft, gab es ein dickes Lob und kleine Leckerbissen, häufig eine getrocknete Hagebutte, für die ich alles tun würde. Cleo ist schon lange stubenrein. Ich bin so etwas wie Tinas Sorgenkind. Manchmal gehe ich auf die Toilette, manchmal nicht. Mich stört es, dass sie nicht in einer dunklen Ecke steht und mir jeder zusehen kann.

IDEFIX

Der Rammler (12 Monate) und seine gleichaltrige Partnerin Cleopatra sind Wohnungskaninchen mit täglichem Zimmerauslauf. Was ihrer Besitzerin weniger gefällt: Idefix hat es nicht so mit der Stubenreinheit.

Des Rätsels Lösung Tina hat nie mit mir geschimpft oder mir einen Klaps gegeben, weil ich mich mal wieder auf dem Teppich verewigt hatte. Das wäre wohl auch das Ende unsere Freundschaft gewesen, denn eine schlechte Behandlung vergessen wir Kaninchen nicht. Tina saugte die Kotbällchen mit dem Staubsauger auf und entfernte die Harnflecken mit Wasser und einigen Tropfen Zitronenöl, um den Geruch zu überdecken. Und eines Tages lernte Tina dann Markus kennen, ebenfalls stolzer Kaninchenbesitzer. Er erzählte ihr, dass seine Hoppelbande bestens mit einer Katzentoilette mit Haube, aber ohne Einstiegsklappe klarkommt. Das probierte Tina sofort aus – und stellte die neue Toilette dort auf, wo ich häufig meinen »Geschäften« nachging. Mit vollem Erfolg: Ich bin heute sauber! Auch beim Zimmerauslauf.

SPASS UND ABENTEUER

Wenn sie richtig gefördert und gefordert werden, entpuppen sich Zwergkaninchen als echte Schlaumeier. Dazu braucht es eine abwechslungsreiche und aufregende Umgebung mit Anregungen für Körper und Köpfchen.

GEWITZT UND HELLWACH Wildkaninchen haben ein hartes Leben: Neben Futtersuche und der ständigen Ausschau nach Feinden bleibt kaum Zeit für weitere Aktivitäten. Diese Sorgen haben Zwergkaninchen nicht. Sie leiden häufig unter ganz anderen Problemen: Langeweile und Unterbeschäftigung. Die kleinen Racker sind gewitzter

und lernwilliger, als es ihnen selbst manche Kaninchenhalter zutrauen. In aufregender Umgebung auf Entdeckungsreise zu gehen, Neues kennenzulernen und sich dabei ausgiebig zu bewegen und zu beschäftigen, ist der Schlüssel für ein erfülltes und gesundes Zwergenleben und das beste Rezept gegen den Frust eines grauen Alltags.

MERLIN, DER ENTERTAINER

Bei den Kaninchen ist es nicht anders als bei uns: Manchem wird das Showtalent schon in die Wiege gelegt. Merlin ist das Paradebeispiel. Bereits im zarten Alter von fünf Wochen machte der Nachwuchs-Entertainer auf Kommando Männchen, sprang über kleine Hürden und stürmte beim Klang des Glöckchens sofort herbei. Kein Zweifel, Merlin war zum Star geboren. Wo seine Geschwister viel Zuspruch und ständige Hilfestellung brauchten, erledigte er jede Herausforderung mit fast spielerischer Leichtigkeit. Gemeinsam mit seiner Schwester bezog er mit acht Wochen ein neues Zuhause. Die beiden Zwergkaninchen leben jetzt in einem Wohnungsgehege. Vom Frühjahr bis zum Herbst können sie nach Belieben durch eine Katzenklappe auf den Balkon schlüpfen. Nach und nach entwickelt Merlin immer neue »Showqualitäten«, mit denen er seine Menschen zum Lachen bringt. Wenn er Hunger hat, schubst er seinen Futternapf unüberhörbar gegen das Gehegegitter; er verfeinert seine Sprungtechnik, um vom Stuhl auf den Tisch zu hüpfen und die Salatschüssel zu plündern; regelmäßig belagert er zur Fernsehzeit die Couch, um sich seine Streicheleinheiten und leckere Gemüsechips zu sichern. Sein Meisterstück aber ist der Sprung durch den Ring. Seine Besitzerin hält den Weidenring etwa 15 Zentimeter hoch, und nach dem Kommando »Los, Merlin, Sprung!« lässt der gewitzte Bodenakrobat sich nicht lange bitten. Der Leckerbissen zur Belohnung versteht sich von selbst.

Eine glückliche Kaninchengruppe. Hier passt alles, angefangen vom Platzangebot bis hin zum interessant eingerichteten Freigehege.

DAS ABENTEUERLAND

Bevor man über ausgeklügelte Spiele für die Zwergkaninchen nachdenkt, ist es zunächst sinnvoll, eine Bestandsaufnahme ihres Lebensraums zu machen. Ist genug Platz vorhanden, oder lässt sich der Bewegungsraum noch etwas erweitern? Erhalten meine Wohnungskaninchen täglich Freilauf im Zimmer? Ist das Domizil der Zwergengesellschaft nicht mit zu viel Inventar überfrachtet? Sind Innen- wie Außengehege sinnvoll strukturiert und bieten den Bewohnern neben den unverzichtbaren Versteck- und Kuschelecken viele Möglichkeiten zur Beschäftigung, für Sprungeinlagen, wilde Jagden und fürs Hakenschlagen? Ein abwechslungsreicher Lebensraum entscheidet mehr als alles andere über die Lebensqualität der Tiere.

ZWERGE IN DER WOHNUNG

Ihr Heim »erster Ordnung«, sozusagen ihr Bau, ist für Puschel und Coco ihr großzügiger Etagenkäfig. Auf zwei Ebenen gibt es jeweils ein Häuschen zum Relaxen mit Flachdach als Aussichtsplatz, im Untergeschoss stehen Futter- und Wassernapf, etwas erhöht, auf einem flachen Stein, was allzu schneller Verschmutzung vorbeugt. Die Raufe

Ein neues Häuschen im Gehege? Das muss erst einmal ausgiebig beschnuppert und dann markiert werden. Rustikale Blockhütten sind durchaus gefragt.

fürs Heu ist außen am Käfiggitter eingehängt und nimmt so keinen Platz im Käfig weg. Die Einstreu besteht aus handelsüblicher Kleintierstreu mit einer Lage Stroh. Die Käfigtür ist stets geöffnet, da direkt an den Käfig ein sechs Quadratmeter großes Innengehege aus Fertiggitter-Elementen mit Teichfolie als Bodenschutz und einem Strohteppich darüber anschließt.

Was das Kaninchenherz begehrt Das Innengehege bietet Hermann und Hermine viele Beschäftigungsmöglichkeiten aus Naturmaterialien (→ Seite 16). Hier gibt es ineinandergesteckte Korkröhren, die einen Tunnel bilden und als Aussichtsplatz dienen. Aus einer leeren Teppichrolle (Baumarkt) entstand ein kleines kostengünstiges Tunnelsystem in T-Form. Übrigens gibt es inzwischen auch Grastunnel zu kaufen, die zu einem kleinen Röhrensystem miteinander verbunden werden können (→ Adressen im Internet, Seite 142). Die beiden Zwerge haben die Möglichkeit, über biegsame Weidenbrücken zu wandern, sich in einem strohgefüllten Turm aus zwei stapelbaren Natur-Holzkisten zu verstecken und in einer Buddelkiste mit Erde und Sand zu graben (→ Seite 17). Übrigens finden sie auch stabile Kartons in verschiedenen Größen mit hineingeschnittenen Ein- und Ausgängen immer wieder toll. Mitbringsel aus der Natur wie zum Beispiel ein paar Tannen- oder Fichtenzapfen, Steine, ein Stück Treibholz, ein dicker Ast (zum Beispiel Birke, Fichte, Erle, Esche), trockenes Laub oder etwas Moos sorgen für Dufterlebnisse der besonderen Art (→ Seite 113).

ZWERGE DRAUSSEN

Gleich ob versetzbares Freigehege, festes Gehege für eine ganzjährige Außenhaltung oder ein Lebensraum auf dem Balkon – die Einrichtung muss zweckmäßig, aber auch spannend sein. In keinem Fall darf eine Schutzhütte fehlen, in die sich die Kaninchen bei ungemütlicher Witterung und zu viel Sonne zurückziehen können. Der Futterplatz sollte überdacht sein.

Die beste Lebensqualität bietet den Zwergen ein **abwechslungsreiches Umfeld** mit ausreichend Platz und Beschäftigungsmöglichkeiten.

Einrichtungsideen mit Pfiff Feste Gehege können unterschiedliche Zonen aufweisen wie etwa eine Erd-, Gras-, Sand-, Kies- und Rindenmulchzone. Erhöhte Liegeplätze sind über Laufstege aus Holz zu erreichen, die allerdings mit kleinen Halbrundleisten in einem Abstand von etwa sieben Zentimetern »laufsicher« gemacht werden müssen. Zwerge lieben einen ausgehöhlten Baumstamm oder Korktunnel (→ Seite 16). In einen Kies-/Sandhaufen lassen sich Tonröhren (aus dem Baumarkt) oder Holzbögen einbauen. Hier bleibt es im Sommer herrlich kühl (→ Fotos, Seite 14/15). Mit sogenannten Beetrollis aus dem Gartencenter kann man tolle Labyrinthe gestalten, die man immer mal wieder verändern kann. Aus Pflanzringen lassen sich Verstecke und Tunnel bauen.

WER FUTTERN WILL, MUSS ARBEITEN

Langeweile macht krank. Bei Kaninchen führt sie zu sozialen Spannungen in der Gruppe, ruft Verhaltensstörungen und Aggressionen hervor und kann im Extremfall sogar den Tod eines Tieres auslösen. Bei Zootieren kennt man das Problem schon lange und hat spezielle Beschäftigungsprogramme für unterforderte Zoobewohner entwickelt. Der englische Begriff »enrichment« (Bereicherung) ist der Fachausdruck für solche Vorhaben. Ein zentraler Punkt betrifft dabei die Fütterung. Die Tiere bekommen ihr Futter nicht mehr ausschließlich »mundgerecht« serviert, sondern sollen es sich erarbeiten. Elefanten müssen zum Beispiel lange Äste zuerst auf die passende, »mundgerechte« Länge bringen, Eisbären bekommen ihre Fische nicht mehr häppchenweise vorgelegt, sondern in Eiswürfeln eingefroren, die sich so leicht nicht knacken lassen. Auch die Schimpansen brauchen eine Weile, bis sie die Leckerbissen aus dem verschlossenen Säckchen befreit haben. Wer fressen will, muss etwas dafür tun, lautet die Devise. Und sie macht auch bei den kleinen Hopplern Sinn. Auf den nächsten Seiten finden Sie einige Anregungen, wie Ihre Zwergkaninchen sich das Futter erarbeiten können.

Der Topf aus Terrakotta stößt offensichtlich auf Gegenliebe. Für die beiden Hüpfer ist es das neue Kuschelzentrum.

1 Mimi hat sich in den Weidentunnel zurückgezogen und knabbert genussvoll an den frischen Haselnusszweigen.

Getrocknete Pinienzapfen Ich sammle sie in Spanien und bestücke sie mit kleinen Leckerbissen wie Möhren-, Paprika-, Apfelstückchen und Petersilienstängeln.
Futterkugel Die verchromten Kugeln gibt es im Zoofachhandel zu kaufen. Sie werden beispielsweise mit Heu oder Salat gefüllt ans Käfigdach gehängt. Die Zwerge müssen sich recken und strecken, um ans Futter zu kommen.

Futterball Er ist innen hohl und kann durch eine Öffnung etwa mit Trockenobst- oder trockenen Gemüsestückchen gefüllt werden. Der Zwerg rollt die Kugel durch Anstupsen mit der Nase auf dem Boden herum, und die Leckerchen fallen heraus. Manche Kaninchen entwickeln interessante Strategien.
Zweiggitter Dafür werden mehrere Zweige zu einem kleinen »Turm« aufgeschichtet und zum Beispiel frische Kräuter, Gras,

2 Das junge Löwenköpfchen hat gerade den halb eingegrabenen Tontopf entdeckt, der mit Moos ausgepolstert ist.

3 Sofort nimmt er das Plätzchen in Beschlag. Aus seinem neuen Versteck hat der Zwerg alle Artgenossen gut im Blick.

Möhrenstücken etc. darüber verteilt, die dann bis zum Boden durchfallen. Die Zwerge arbeiten sich mit der Zeit immer weiter nach unten durch (→ Gesunde Knabberkost, Seite 93).

Futterkette und -spieß Gemüse-, Obststückchen sowie Salatblätter mithilfe einer Stopfnadel auf einen naturfarbenen Bastfaden ziehen und so über dem Innengehege oder im Raum zum Beispiel zwischen zwei Stühlen aufhängen, dass die Zwerge sich auf die Hinterpfoten setzen müssen, um an die frische Kost zu kommen. Eine gespannte Leine mit Kräutersträußchen, Löwenzahnblättern, Salat oder Gemüse, die mit Holzklammern befestigt werden, erfüllt den gleichen Zweck. Besonders leicht zu basteln ist eine Gemüseschaukel. Fädeln Sie dazu mithilfe einer Stopfnadel Möhren- und Gurkenscheiben auf eine Länge von etwa 10 Zentimetern auf.

SCHON GEWUSST?

- Kaninchen sind neugierig und erforschen gern etwas Neues. Tauschen Sie deshalb Spielzeug zwischendurch immer mal wieder aus. Wenn das »alte« für einige Zeit in der Kiste verschwindet und dann wieder auftaucht, ist es für Ihre Zwerge wie neu.
- Auch im festen Außengehege freut sich die Kaninchengesellschaft über neue Eindrücke. Schon eine einfache Obstkiste aus Holz, gefüllt mit trockenem Herbstlaub, ein kleiner Leiterwagen mit duftendem Heu, in dem man sich »vergraben« kann, oder eine neue Treppe aus verschieden hohen umgedrehten Tonblumentöpfen bringen Abenteuerspaß. Wenn möglich sollten im Außengehege ebenfalls von Zeit zu Zeit mobile Teile ausgetauscht werden.

Verknoten Sie dann den »Gemüseturm« unten und oben. Hängen Sie die Schaukel im Käfigdach auf. Im Zoofachhandel gibt es auch Spieße aus Metall zu kaufen, die in das Käfigdach eingehängt werden können. Geschicklichkeit und Gleichgewichtssinn trainieren die kleinen Racker beim Futterhaschen der schwingenden »Leckereien« gleichermaßen, und auch die Muskulatur wird so ganz nebenbei gestärkt.

Leckereien auspacken Die altbewährten Papprollen von Toiletten- oder Küchenpapier verwandeln sich in interessante Forschungsobjekte, wenn man sie mit ein paar Leckereien füllt und einige kleine »Geruchslöcher« hineinsticht. Von beiden Seiten mit Heu verstopft, müssen die Häppchen zuerst ausgepackt werden. Auch geschlossene Eierkartons aus Pappe mit gesunden Leckereien werden gern geplündert.

Futter verstecken Verteilen Sie Futterstückchen an verschiedenen Stellen im Innen- oder Außengehege oder im Zimmer und schicken Sie dann Ihre kleinen Hoppler auf die Suche. Das Futter darf ruhig auch mal erhöht platziert werden, beispielsweise auf einem Karton oder einer Holzbrücke.

Futterbaum Auf eine Sperrholzplatte (Durchmesser 40 cm) wird ein etwa 35 cm hoher und 17 cm dicker verzweigter Ast geschraubt. Vorher Löcher in unterschiedlicher Höhe bohren, in die Gemüse und Zweige gesteckt werden. Die Idee für diesen tollen Futterbaum stammt von Monika Wegler.

Etagenpflanztöpfe Die hübschen Terrakottatöpfe werden auch als Erdbeerpflanztöpfe bezeichnet. Im Außengehege oder auf dem Balkon können sie mit verschiedenen Kräutern oder einfach mit einer Samenmischung »Kaninchenwiese« bepflanzt werden.

Heu zupfen Aromatisches Heu »qillt« aus der alten Socke, deren Fußspitze abgeschnitten wurde und die am Käfiggitter befestigt ist. Ballförmige Grasgebilde mit Öffnungen können mit Heu befüllt werden (Zoofachhandel).

Knabberspaß an der »Wand« Gebündelte Zweige, die man am Gitter des Außen- oder Innengeheges befestigt, verlocken zu Turnübungen, und das Nagematerial verschmutzt nicht.

Carmen, das Zwergwidder-Löwenköpfchen, schnuppert an der duftenden Rose. Ein Geruch, den das Wohnungskaninchen bisher noch nicht kennengelernt hat.

Während sich Carmen die Rosenblätter munden lässt, steht Maximo eher auf eine liebevolle Putzaktion an Carmens Öhrchen.

EIN FEST FÜR DIE SINNE

Die meisten Wohnungskaninchen kennen kaum Gerüche oder Laute aus der Natur. Doch das lässt sich ändern, beispielsweise mit Mitbringseln von draußen (→ Seite 110).

Duftproben Probieren Sie auch einmal Folgendes aus: Besorgen Sie sich verschiedene kleine Sisalbälle. Legen Sie sich Gläser mit getrockneten, stark duftenden Kräutern wie zum Beispiel Lavendel, Kamille, Salbei, Basilikum oder getrockneten Rosenblättern an und geben Sie jeweils einen Ball für ein oder zwei Tage in das Glas mit dem entsprechenden Duft. Verteilen Sie dann die Bälle beim Freilauf oder im Innengehege in verschiedenen Zimmerecken, aber auch erhöht, auf einem Karton. Auch kleine, mit Kräutern befüllte Papiersäckchen, in die einige Löcher gestochen wurden, sorgen für ein tolles Geruchserlebnis. Der Inhalt darf gefressen werden.

Klänge aus der Natur Musikimpulse werden auch von Tieren wahrgenommen und beeinflussen deren Nervensystem. Diese akustische Stimulation erzeugt in ihrem Körper Reaktionen, die vergleichbar mit denen des Menschen sind. Leise, ruhige Lieder und Melodien bewirken bei vielen Tieren, auch

Der Deutsche Riese und die beiden Zwerge vergnügen sich mit Kartons und frischem Heu. So kann man während des Herumturnens gleich seinen Hunger stillen.

bei Kaninchen, eine entspannte Haltung. Spielen Sie Ihren Wohnungszwergen doch einmal leise eine CD mit Naturgeräuschen vor. Beobachten Sie, wie die kleinen Hoppler darauf reagieren. Machen sie Männchen, um die Geräuschquelle zu orten? Gehen sie in Ruhestellung und schließen sogar langsam die Augen? Oder flüchten sie etwa in ihr Häuschen, weil es zu laut ist?

KÖPFCHEN GEFRAGT

Inzwischen gibt es im Zoofachhandel auch Spielzeug, das unterbeschäftigte Wohnungskaninchen zu intensiver »Kopfarbeit« anregt. Da muss zum Beispiel ein kleiner Holzdeckel mit dem Mäulchen oder der Pfote hochgehoben werden, um an das Leckerchen zu kommen (→ Internet-Adressen, Seite 142). Oder es muss ein Holzteil verschoben werden, um die darunter verborgene Belohnung zu kassieren. Ein Blick auf Intelligenzspielzeuge aus Holz für Hunde lohnt sich allemal, denn Kaninchen lösen das Problem manchmal mit links, wie etwa das Schiebespiel »Dock-Brick«. Vielleicht beherbergen Sie ja ein kleines Kaninchen-Genie ...

GEMEINSAM SPASS HABEN

Zwergkaninchen, die zu ihren Menschen Vertrauen haben, suchen oft von sich aus den Kontakt und sind durchaus für das eine oder andere gemeinsame Abenteuer zu begeistern.

Obst-und-Gemüse-Angel Für kleine Dickerchen ist das Angelspiel geradezu ideal. Ein Stock, eine Schnur und am Ende eine saftige Mohre oder ein Stück Apfel – fertig ist die Kaninchen-Angel. Locken Sie nun den Zwerg, immer das saftige Stück vor der Nase, durch den Raum oder das Gehege. Das sorgt für Bewegung, und am Ende gibt's für Moppel dann die schlanke Belohnung.

Clickertraining Es ist bereits seit einigen Jahren in Mode. Auf diese Weise kann man nicht nur Katzen oder Hunden, sondern auch Zwergkaninchen, Meerschweinchen oder Ratten »wortlos« kleine Kunststücke beibringen oder erwünschtes Verhalten erzielen. Das Tier wird dabei mithilfe eines

Ziel der harmonischen Beziehung zum Heimtier ist das stabile Vertrauensverhältnis. Bei den Zwergen braucht man Geduld und Verständnis.

»Knackfrosches« aus Metall konditioniert. Vereinfacht ausgedrückt heißt das: Immer wenn der Zwerg etwas Gewünschtes tut, lassen Sie den Frosch knacken, und das Kaninchen bekommt unmittelbar danach eine kleine Belohnung, so lange, bis in seinem Gehin verankert ist: »Knack« = richtig gemacht = Belohnung (→ Bücher, die weiterhelfen, Seite 142).

KLEINE KUNSTSTÜCKE TRAINIEREN

Ihre Zwerge müssen zahm sein und auf ihren Namen hören, bevor es gelingt, erfolgreich Kunststücke zu trainieren.

- Üben Sie immer mit einem einzelnen Schüler.
- Beachten Sie den Tagesrhythmus des Zwergkaninchens. In den Ruhephasen lernt es schlecht oder gar nicht.
- »Unterrichten« Sie das Tier in seiner vertrauten Umgebung.
- Die Geräuschkulisse sollte so sein wie immer, es darf nicht »totenstill« sein.
- Der Zwerg sollte nicht zu hungrig, aber auch nicht zu satt sein. Hungrige Tiere sind nervös und ungeduldig, zu satte lassen sich auch durch Leckerbissen nicht mehr motivieren.
- Das Training darf höchstens 10 bis 15 Minuten dauern, es sei denn, der Zwerg hoppelt schon früher davon.
- Strafen in jeder Form sind tabu (→ Seite 82).

Männchen machen auf Kommando Halten Sie Ihrem Zwerg zum Beispiel ein Löwenzahnblatt vor die Nase. Will er daran knabbern, ziehen Sie das Blatt langsam nach oben. Der Kleine muss sich nun auf die Hinterläufe setzen, um das Blatt zu erreichen. Geben Sie jetzt das Signal »Auf, Momo!« oder »Hoch, Momo!«. Wiederholen Sie die Übung mehrmals, aber überfordern Sie das Tier nicht.

Sprung auf Kommando Bauen Sie die Hürde an einer Wand auf, zum Beispiel aus niedrigen vollen Konservendosen oder einem »Wall« aus etwa 15 cm hoher stabiler Pappe. Standfest wird das Sprunghindernis, indem man eine doppelte Lage Pappe verwendet, sie in der Mitte zusammenklebt und rechts und links etwa 10 cm als Sockel überstehen lässt. Auch hier lockt den Zwerg wieder ein Leckerbissen aus Ihrer Hand über das Hindernis und natürlich Ihr Signal »Spring, Maximo!«.

Glöckchentraining Der russische Wissenschaftler Iwan Petrowitsch Pawlow fand heraus, dass Tiere verschiedene Reize miteinander verknüpfen können. Bieten Sie Ihrem Zwerg einen Leckerbissen aus der Hand an und läuten Sie dann ein Glöckchen. Schon nach etwa zehn Übungen hat das Kaninchen Glockenton und Fütterung verknüpft und kommt selbst dann aufs Läuten herbei, wenn es keine Belohnung gibt.

SCHON GEWUSST?

- Katzenspielzeug wie Sisalkugeln mit Glöckchen oder ein Holzspielzeug für Papageien, das angeknabbert werden darf, eignet sich durchaus als interessante Beschäftigung für Zwergkaninchen.
- Verschluckte Plastikteile können bei den Zwergen hartnäckige Verdauungsprobleme bis hin zum lebensgefährlichen Darmverschluss verursachen. Bieten Sie Ihren Tieren daher kein Plastikspielzeug an. Auch Plastiktüten sind ungeeignet, Papiertüten ohne Henkel hingegen gefahrlos.
- Spielzeug mit spitzen oder scharfen Kanten ist tabu, weil die Verletzungsgefahr für die Tiere zu groß ist. Ebenfalls riskant: Stoffspielzeug, das mit Styropor gefüllt ist.

FITNESS FÜR DIE HOPPELBANDE

Langeweile ade Von tristem Alltag keine Spur, denn hier wird etwas geboten. Da gibt es zum Beispiel leckere Futterketten aus Obst, Gemüse und Salat. Doch so ohne Weiteres kommt man an die Leckerbissen nicht heran. Sie hängen so hoch, dass sich die Zwerge danach recken und strecken müssen. Das hält schlank und trainiert den Gleichgewichtssinn. Hürdenläufer bauen Kondition auf. Das Widderchen überspringt die offene, niedrige Hürde aus lauter Bewegungsfreude gleich mehrmals hintereinander. Eine Hürde lässt sich schnell aus einigen vollen Konservendosen, die nebeneinandergestellt werden, bauen. Wichtig dabei: Das Kaninchen muss sehen können, wohin es springt.

Buddel- und Schnüffelspaß Der Karton ist mit Papierschnipseln gefüllt und hält am Boden einige kleine Überraschungen für die Zwergkaninchen bereit: Karottenchips und Selleriewürfel. Genau das Richtige als Belohnung für Buddelprofis. Im Herbst sorgt zum Beispiel getrocknetes Laub in einem Weidenkorb für Buddel-, Schnüffel- und Knabberspaß zugleich. Die Sisalkugel enthält frisches aromatisches Heu. Das duftet nicht nur wunderbar, sondern schmeckt auch so. Nicht verachtenswerter Zusatzeffekt: Die Kugel kann jederzeit und mit Leichtigkeit zum Lieblingsfutterplatz gerollt werden.

DIE ZWERGENKINDERSTUBE

Wenn sie auf die Welt kommen, sind sie unscheinbar. Doch schon wenige Tage später werden aus »hässlichen Entlein« bezaubernde Tierkinder. Dann kann niemand mehr den niedlichen Zwergkaninchenkindern widerstehen.

VERANTWORTUNG UND FÜRSORGE Können Sie dem Nachwuchs Ihrer Zwerge eine sichere Zukunft garantieren? Angesichts überfüllter Tierheime und der Massenproduktion von Zwergkaninchen, die das Geschäft mit der »Ware Tier« mit sich bringt, sollte sich jeder Halter diese Frage sehr ehrlich beantworten. Die Verantwortung für

Ihre Schützlinge beginnt schon vor der Kaninchenhochzeit: Nur wenn die Elterntiere nachweislich gesund sind und keine Missbildungen wie etwa eine vererbbare Gebissfehlstellung aufweisen, dürfen sie Kinder bekommen. Aber auch das Wesen der Eltern hat großen Einfluss auf die Folgegeneration (→ Seite 49). Bei Inzucht kommt es häufig zu Totgeburten und schweren Missbildungen.

DER RUF DER LIEBE

Ganz oben auf dem Hügel liegt der weit verzweigte Bau einer Wildkaninchen-Kolonie. Nur einen Steinwurf entfernt lebt eine Gruppe Zwergkaninchen in einem Freigehege. Natürlich sind hier alle Männer kastriert und können den Weibchen in Liebesdingen herzlich wenig bieten. Dafür gibt es kaum Zoff, und man ist auch ohne Nachwuchs glücklich. Eines Tages jedoch entdeckt ein Rammler der wilden Truppe die Damen im Freigehege. Er beobachtet das Treiben im Freigehege für einige Zeit und schreitet dann zur Tat. Getreu dem Motto: Wo ein Wille ist, ist auch ein Weg. Wie er es dann geschafft hat, den stolzen 1,80 Meter hohen Drahtzaun zu überwinden, lässt sich nachträglich nicht mehr feststellen. Wie auch immer: Der liebestolle Rammler landet zielgenau im Gehege und kann die Weibchen mit seiner Männlichkeit davon »überzeugen«, mit ihm auszubrechen. In einer gemeinsamen Nacht-und-Nebel-Aktion graben sie einen Tunnel in die Freiheit. Vier Wochen später kommen in der Kolonie der Wildkaninchen verschiedenfarbige und auch gescheckte Kinder zur Welt. Ein deutlicher Hinweis auf die Mutterschaft der attraktiven Zwergkaninchen. Aber schon die Folgegenerationen zeigen mehr und mehr das graubraune Fellkleid der wilden Kaninchen. Und bald erinnert nichts mehr daran, dass ein Rammler sein Glück in der Fremde suchte und bei Zwergdamen fand, die aus einer anderen Welt kamen.

Fünf Tage alt sind diese Zwergkaninchen. Noch nehmen sie die neue Welt allein über Gerüche und Berührungsreize wahr.

KINDERSEGEN IN DER NATUR

Die Fruchtbarkeit des Kaninchens ist sprichwörtlich. Wildkaninchen können in der Fortpflanzungszeit von Frühjahr bis Herbst bis zu sechs Würfe mit durchschnittlich drei bis vier Jungen zur Welt bringen. Das hört sich stattlich an, geht man davon aus, dass es eine einzige Häsin in einem guten halben Jahr bis auf 24 Kinder und mehr bringen kann. Doch in der Natur macht dieser Kindersegen Sinn, gleicht er doch die hohen Verluste in der Kaninchengesellschaft aus. In unseren Breiten haben Wildkaninchen viele Feinde, denen auch eine beträchtliche Anzahl Jungtiere zum Opfer fallen. Sichere, trockene Nistbereiche sind nicht immer vorhanden, sodass manch eine Wurfhöhle beispielsweise bei starken Regenfällen überflutet wird und die Kleinen ertrinken. Kaninchen werden bejagt und ihr Bestand durch das Auftreten von tödlichen Viruserkrankungen wie Myxomatose und RHD (auch Chinaseuche genannt) drastisch dezimiert. In manchen Gebieten sind die Wildkaninchenbestände so weit zurückgegangen, dass man sie bereits auf die Rote Liste der bedrohten Arten setzen könnte.

1 Der Rammler umkreist Elvira, um sie zu umwerben. Doch die hochbrünstige Häsin legt in diesem Fall keinen Wert auf eine »langatmige« Eroberungstaktik.

KANINCHENHOCHZEIT

Die neun Monate alte Elvira soll heute gedeckt werden. Sie wird zu einem Züchter gebracht, dessen potenter Rammler als der Vater ihrer Kinder auserkoren wurde. In ihrem eigenen Revier würde Elvira den fremden Rammler attackieren, denn mit einer brünstigen Häsin ist nicht zu spaßen. Nicht nur bei Rammlern, auch gegenüber Rivalinnen verhalten sich hitzige Damen häufig aggressiv. In seinem privaten Umfeld genießt der Liebhaber jedoch einen gewissen Heimvorteil. Die Paarung selbst verläuft bei den beiden sehr kurz, denn die Häsin ist hochbrünstig und zögert nicht lange. Nach wenigen Umkreisungen legt sie sich flach auf den Boden und präsentiert ihr Hinterteil. Der Rammler springt auf, beißt seine Partnerin ins Nackenfell und umklammert sie mit den Vorderpfoten. Der Deckakt dauert nur wenige Sekunden. Anschließend fällt der Rammler erschöpft von Elvira ab und bleibt einige Sekunden bewegungslos liegen. Zehn bis zwölf Stunden später wird bei Elvira der Eisprung ausgelöst. Die Eier werden im Eileiter von den Spermien befruchtet und setzen sich etwa eine Woche danach in der Gebärmutter fest.

Hochzeit mit Stil Anders als bei Elvira und ihrem Liebhaber läuft die Vereinigung bei Kaninchen oft »stilvoller« ab. Vor allem dann, wenn die Partner zusammenleben und genügend Platz für ein angemessenes Paarungsritual vorhanden ist. Auch bei den Wildkaninchen wird eine Hochzeit von viel Tamtam begleitet. Schon bevor die Brunst einsetzt, liegen Häsin und Rammler häufig dicht beieinander, stoßen sich gegenseitig mit der Schnauze an und belecken sich im Mundbereich. Der Rammler beriecht die Analregion der Häsin und stellt so fest, wie brünstig sie ist. Vor der Hochbrunst wirbt er ausgiebig um seine Braut. Er umkreist sie

2 Der Rammler darf Elvira sofort begatten. Nach dem Deckakt fällt er mit einem Brummlaut erschöpft von Elvira ab.

3 Die Vereinigung war zwar kurz, doch die beiden liegen auf einer Wellenlänge. Jetzt ist gemeinsames Kuscheln angesagt.

steifbeinig, um sie auf sich aufmerksam zu machen. Dabei klappt er sein Schwänzchen, die Blume, hoch und zeigt der Häsin die helle Schwanzunterseite. Vermutlich werden dabei Drüsenausgänge freigelegt, die einen Sexualduft verströmen. Oft markiert der Rammler während des Umkreisens seine Auserwählte mit einem gezielten Urinstrahl. Schließlich folgt eine Phase, in der beide miteinander kuscheln. Für den Kaninchenmann bedeutet das aber noch lange nicht freie Fahrt. Die Dame seines Herzens will vielmehr erobert werden. Sie läuft ihm immer wieder Haken schlagend davon, wenn auch sorgsam darauf bedacht, in seinem Blickfeld zu bleiben und ihn zum Hinterherlaufen zu animieren. Irgendwann hat aber auch das längste Vorspiel ein Ende, und der Rammler wird doch noch für sein ausdauerndes Buhlen belohnt.

ELVIRA WIRD MAMA

Die Häsin Elvira ist wieder zurück in ihrem eigenen Reich und – trotz ihrer unromantischen Blitzhochzeit – trächtig. Man sieht ihr die Schwangerschaft nicht an, doch ihr Verhalten hat sich verändert. Wie auch bei unseren werdenden Müttern spielen hierbei die Hormone eine große Rolle. Aus einstigen »Schmusehäschen« können nun nervöse, kratzbürstige We-sen werden, die sowohl uns als auch Artgenossen gegenüber eine gewisse Aggressivität an den Tag legen. Zeigen Sie Verständnis, denn die Schwangerschaft ist ein Ausnahmezustand. Erst am Ende der Trächtigkeit, die bei Zwergkaninchen im Durchschnitt 31 Tage dauert, wird der Bauch dicker, und die Zitzen treten hervor. Gönnen Sie der trächtigen Häsin jetzt viel Ruhe. Vermeiden Sie Stress und Anstrengung für das Tier.

Das zwei Wochen junge »Fellknäuel« passt locker auf die zusammengelegten Handflächen. Noch ist das Zwergkaninchen, als sogenannter Nesthocker, von seiner Mutter abhängig.

Eine eigene Wurfkiste Elvira bekam bereits zu Beginn ihrer Trächtigkeit eine Wurfkiste in ihrem Gehege angeboten. Und die hat sie gern angenommen. Wildkaninchen bringen ihre Jungen im unterirdischen Bau zur Welt. Ranghohe Weibchen im Hauptbau, rangniedere Weibchen in Setzröhren außerhalb des Baus. Diese Röhren haben nur einen Ein- und Ausgang, befinden sich lediglich etwa 15 Zentimeter unter der Erde und sind nur rund zwei Meter lang. Elviras Wurfkiste, die von Monika Wegler für ihre Zwerge entworfen wurde, hat folgende Maße: 40 cm lang, 25 cm tief sowie links und rechts 25 cm hoch. Der Deckel läuft zwischen zwei Holzschienen und ist somit aufschiebbar. Das erleichtert die Nestkontrolle. Der Boden und die 40 cm langen Längsseiten sind geschlossen. Die Hinterwand der Kiste ist 22 cm hoch, hat also einen Luftschlitz von 3 cm. Die Vorderseite der Kiste ist lediglich 15 cm hoch und dient als Schutzbrett für die Kleinen, die so nicht frühzeitig aus dem Nest krabbeln können. Die Häsin dagegen gelangt problemlos durch die Luke der Vorderseite aus beziehungsweise in die Wurfkiste. Als Material wurde 5 mm dickes unlasiertes Buchensperrholz für die Innenhaltung verwendet.

Bald ist es soweit Obwohl Elvira das erste Mal Mutter wird, gehört sie zu den vorsorgenden Häsinnen. Schon einige Zeit vor der Geburt trägt sie Heu und Stroh in die Wurfkiste, um ein Nest zu bauen. Andere beginnen wesentlich später damit. Jetzt wird das Kaninchenheim noch einmal gründlich gereinigt, damit die junge Mutter später ungestört bleibt. Einige Tage vor dem Werfen reißt sich Elvira ihre locker gewordene Bauchwolle aus und polstert damit das Nest. Sie ist behäbiger geworden und ruht viel. Der Zeitpunkt der Geburt naht.

Die neuen Erdenbürger In der Nacht oder am frühen Morgen hat Elvira – wie die meisten Kaninchen – ihre Kinder still und leise zur Welt gebracht. Ihre Menschen haben es gar nicht mitbekommen. Vier etwa 30 Gramm leichte Winzlinge liegen im kuschelig warmen Nest. Es hat nur eine Viertelstunde gedauert, bis sie alle das Licht der Welt erblickten. Sie wurden von der Mutter abgenabelt, aus ihrer Fruchthülle befreit und trocken geleckt. Durch das Lecken kam ihr Kreislauf in Schwung. Die kleinen tauben und blinden Wesen haben bereits jetzt einen hervorragend ausgeprägten Geruchs- und Tastsinn. Die Zitzen der Mutter finden sie über den Geruch des Mutterbauchs und – wie man heute weiß – über Geruchsstoffe, die in der Muttermilch enthalten sind. In den ersten Tagen erhalten die Kleinen von ihrer Mutter die wichtige Kolostralmilch, ein wahres Gesundheitselixier. Kolostralmilch enthält eine hohe Konzentration an Abwehrstoffen, die für die Babys lebenswichtig sind, da sie ohne schützende Antikörper zur Welt kommen. Deshalb ist es auch so schwierig, neugeborene mutterlose Jungtiere per Hand aufzuziehen.

ELVIRA UND IHRE RASSELBANDE

Nach der Geburt ist Elvira erschöpft. Sie hat vor allem Durst, aber auch Hunger. Der vitaminreiche Gemüseteller kommt ihr gerade recht. Der saftige Löwenzahn und die getrockneten Brennnesseln regen ihre Milchproduktion an. Die Kleinen graben sich tief ins Nest ein und kuscheln eng aneinander, wenn die Mutter nicht da ist, denn sie sind nicht in der Lage, sich selbst warm zu halten. Kaninchenmütter säugen ihre Jungen höchstens ein- bis zweimal in 24 Stunden für wenige Minuten, und das meist nachts. Doch die kurzen, aber nährstoffreichen Mahlzeiten reichen aus, um das Geburtsgewicht der Babys innerhalb einer Woche zu verdoppeln und nach etwa drei Wochen zu vervierfachen. Wenn Elvira ihre Jungen verlässt, verhält sie sich ebenso wie ihre wilden Verwandten: Sie verschließt sorgfältig den Eingang der Wurfkiste mit Stroh und öffnet ihn wieder, wenn sie ihre Kleinen zum Säugen besucht.

SCHON GEWUSST?

- Kaninchenweibchen haben keine Fehlgeburten. Sterben ungeborene Junge in der Gebärmutter ab, werden sie zurückgebildet und vom Körper der Mutter aufgenommen.
- Durch diese Resorption kommt dem Weibchen wieder ein Teil der Energie zugute, die sein Körper für die Bildung der Föten aufgewendet hat.
- Warum Föten bei den Kaninchen relativ häufig absterben, ist bis heute ungeklärt. Sicher ist jedenfalls, dass weder eine Erkrankung des Weibchens noch ein mangelndes Nahrungsangebot die Auslöser dafür sind. Vermutet wird hingegen, dass psychische Faktoren wie Stress bei der Fötensterblichkeit eine Rolle spielen.

Wiegestation: Gesunde Kaninchenkinder nehmen während ihrer Entwicklung beständig zu. Eine regelmäßige Gewichtskontrolle ist daher wichtig.

Auch Wildkaninchen scharren den Eingang ihrer Wurfhöhle sorgfältig mit Erde zu, wenn sie die Röhre verlassen, und graben ihn zum Säugen der Kleinen wieder frei. Diese Arbeiten beanspruchen wesentlich mehr Zeit als das Säugen. Doch auf diese Weise sind die Kleinen zunächst einmal vor Raubtieren und rivalisierenden Häsinnen in der Kolonie geschützt. Am Höhleneingang hinterlässt die Kaninchenmutter einige Kotbällchen, die mit einem Sekret aus der Analdrüse überzogen sind. So kennzeichnet sie ihren Besitz, was in der Regel von den anderen Kaninchen in der Kolonie respektiert wird. Kaninchenbabys sind in der Lage, den Geruch der Mutter von dem anderer Kaninchen und dem von Raubtieren zu unterscheiden. Sie erkennen ihre Mutter auch an den sekretüberzogenen Kotkügelchen, die sie im Nest hinterlässt.

AUS KLEIN WIRD GROSS

Vollkommen ausgewachsen ist ein Kaninchen erst mit etwa neun Monaten. Doch selbstständig verhält es sich bereits im zarten Alter von sechs Wochen. Beobachten wir doch zusammen die Entwicklung von Elviras Jungschar. Die beiden »Mädels« heißen Lotte und Claire, die beiden »Jungs« Elvis und Muffin. Als sie auf die Welt kamen, waren sie blind, taub und nackt. Immerhin konnten sie schon gut riechen und tasten. Die Geschwister wärmten sich gegenseitig, denn ihre Mutter war ja kaum anwesend. Abwechselnd strampelten sie sich im Nest nach unten, um in den Genuss der wärmsten Stellen zu kommen. Drei Tage nach ihrer Geburt bedeckte bereits der erste Flaum ihre nackten Körper, und am Ende ihrer ersten Lebenswoche wärmte sie schon ihr samtiges Babyfell. An ihrem achten Lebenstag öffneten sich Claires Augen, und sie reagierte auf Geräusche. Muffin, Elvis und Lotte konnten erst jeweils einen Tag später sehen und hören. In den nächsten Tagen wird die junge »Viererbande« schon recht aktiv. Sie »arbeiten« sich durch das Nistmaterial an die Nestoberfläche und beginnen die Kotbällchen zu fressen, die ihre Mutter hinterlassen hat. Schon im Mutterleib erhalten die Kleinen Geschmacksinformationen darüber, welche Pflanzen ihre Mutter gefressen hat (→ Seite 30), weitere Infos liefern die Muttermilch und der mütterliche Kot.

Kaninchenkinder entdecken die Welt Mit zwei Wochen krabbeln Lotte, Claire, Elvis und Muffin außerhalb ihres Nestes in der Wurfkiste herum. Lotte unternimmt ihre ersten Putzversuche, die aber kläglich scheitern, denn sie kann, ebenso wie

Gesunder Kaninchennachwuchs stellt sich nur mit **gesunden Elterntieren** ein. Achten Sie bei der Auswahl der Zuchttiere darauf.

die anderen, noch nicht das Gleichgewicht halten. Mit drei Wochen verlassen die vier Geschwister die Wurfkiste für erste Erkundungstouren. Muffin gelingt es als Erstem, Männchen zu machen, ohne umzufallen. Alle vier können schon hoppeln. Die ersten Heuhalme werden angeknabbert und geschmacklich für gut befunden. Mit viereinhalb Wochen ist die Rasselbande kaum noch zu bremsen. Kleine spielerische

NACHGEFRAGT

Was ist bei der Aufzucht zu beachten?

Monika Wegler, Autorin vieler Kaninchenratgeber, hält seit über 30 Jahren Zwergkaninchen. Von Anfang an bemüht sie sich um eine bessere Lebensqualität der Zwerge als Heimtiere.

Ist bei der Ernährung einer trächtigen und säugenden Häsin etwas Besonderes zu berücksichtigen?
Nachwuchs austragen und aufziehen ist für das Muttertier immer eine körperliche Höchstleistung, die eine besonders gesunde und hochwertige Ernährung erfordert. Meine Zwerge werden jedoch alle so gesund ernährt, dass sie auch in dieser Zeit keine weitere Zusatzkost benötigen: Reichlich gutes Heu und dazu Grün- und Saftfutter sind völlig ausreichend, sofern das Muttertier gesund und körperlich ausgereift ist. Keinesfalls sollte man jedoch hingehen und nun die gewohnte Fütterung plötzlich radikal umstellen. Dies hätte den gegenteiligen Effekt und würde den Organismus nur zusätzlich belasten. Wer seinen Weibchen in dieser Zeit jedoch etwas Gutes tun möchte, kann ihnen getrocknete Heilkräuter unter das Heu mischen: Getrocknete Brennnesseln wirken zum Beispiel blutreinigend und fördern den Milchfluss, Schafgarbe wirkt krampflösend und ist gut für den Magen-Darm-Trakt, Kamille wirkt entzündungshemmend und ist beruhigend.

Oft hört man, dass junge Zwerge kein Grünfutter vertragen. Welche Erfahrungen haben Sie gemacht?
Dies ist nur der Fall, wenn man ein junges Zwergkaninchen bei sich aufnimmt, das zuvor ausschließlich mit Trockenfertigfutter aufgezogen wurde. Natürlich stürzt sich das Kleine dann gierig auf das frische Grün und bekommt als Folge davon ernsthafte Verdauungsprobleme bis hin zur Trommelsucht (→ Seite 135). Jedes Kaninchen, dessen vorherige Fütterungsweise ich nicht kenne, gewöhne ich nur langsam und sehr behutsam auf Grün- und Saftfutter um. Wunderbar gesunde Tiere mit dichtem Fell bestätigen meine Vorgehensweise.

Verfolgungsjagden und Balgereien finden statt, Luftsprünge werden geübt, und man nascht auch schon Grün- und Saftfutter aus dem Napf der Großen. Als ihre Kleinen sechs Wochen alt sind, säugt Elvira sie nur noch ab und zu, doch inzwischen hat sich die Verdauung der Kaninchenkinder auf feste Nahrung umgestellt. Claire ist die vorwitzigste und mutigste der vier Geschwister. Sie ist besonders neugierig und untersucht neue Gegenstände im Gehege als Erste ausgiebig. Der schüchterne, zurückhaltende Elvis lässt seinen Geschwistern immer den Vortritt. Muffin fällt stets etwas ein, um ein Extraleckerli zu ergatten, und wenn er dafür Männchen auf Kommando machen muss. Lotte, die Lustige, buddelt gern in der Kiste, bis ihr Schnäuzchen völlig »versandet« ist.

Echte Tierfreunde verhindern die ungebremste Vermehrung von Zwergkaninchen. Es gibt schon viel zu viele ungewollte Tiere.

Geschlechtsreif Mit etwa 12 Wochen werden Zwergkaninchen geschlechtsreif, manche Tiere noch früher. Auf den Tag genau lässt sich das nicht sagen, denn das hängt von verschiedenen Faktoren ab, wie etwa den Umgebungsverhältnissen, der Fütterung, dem Geschlecht und der Rasse. Meist haben die »Mädels« die Nase vorn. Doch in diesem Alter sind sie körperlich noch nicht ausgereift und können im Fall einer Schwangerschaft gesundheitliche Schäden davontragen. Um weiteren Nachwuchs zu vermeiden, müssten sicherheitshalber bereits ab der zehnten Lebenswoche Männchen und Weibchen voneinander getrennt werden. Doch das ist keinesfalls artgerecht. Entscheiden Sie sich am besten für eine Frühkastration der Rammler, dann ist keine Trennung nötig.

GEREGELTER KANINCHENNACHWUCHS

Die Einzelhaltung eines Zwergkaninchens ist nicht artgerecht, die Haltung von zwei oder mehreren gleichgeschlechtlichen Tieren unnatürlich beziehungsweise gar nicht möglich, weil es auf begrenztem Raum zu Dauerstreitereien kommt. In einer gemischten Gruppe würde es ständig Nachwuchs geben, und in Gefangenschaft käme es unweigerlich zur Inzucht (→ Seite 122). Immer noch werden unzählige Kaninchen aus privater Haltung ausgesetzt, in Tierheime oder Notaufnahmen abgeschoben. Der einzige zuverlässige Weg, um diese schlimmen Zustände zu ändern, ist die Kastration.

Kastration, die einzige Lösung Bei der Kastration entfernt der Tierarzt die Hoden des Rammlers, bei der Häsin die Eierstöcke. Der Rammler wird zeugungsunfähig, die Häsin kann nicht mehr trächtig werden. Der Eingriff hat Veränderungen des Hormonhaushalts zur Folge: Die Zwerge werden ruhiger, ihr Markierungsdrang lässt nach (→ Seite 61). Da kastrierte Tiere nicht mehr von den Hormonen »geplagt« werden, vertragen sie sich besser mit den gleichgeschlechtlichen Artgenossen und entwickeln keine sexuellen Aktivitäten mehr. Darüber hinaus vermindert die Kastration das Krebsrisiko, und ungedeckte Häsinnen können nicht mehr scheinträchtig werden. Von Tierärzten empfohlen wird heute die Frühkastration des Männchens im Alter zwischen acht und zwölf Wochen vor Einsetzen der Geschlechtsreife. Unmittelbar nach einer Frühkastration kann das Tier wieder mit seinen Artgenossen zusammen sein. Bei einer späteren Kastration muss der Rammler für etwa sechs Wochen in »Einzelhaft«, weil er während dieser Zeit noch zeugungsfähig ist. Die Weibchen können ab dem dritten Lebensmonat kastriert werden.

Die dreieinhalb Wochen alte Lotte putzt sich schon wie eine Große. Der Putztrieb ist dem Kaninchen angeboren. ▶

GLOSSAR

ABSTAMMUNG

Alle Hauskaninchen stammen direkt vom Europäischen Wildkaninchen *(Oryctolagus cuniculus)* ab. Vom Mittelmeerraum aus haben die wild lebenden Kaninchen fast alle Lebensräume der Erde besiedelt. Mit dem Feldhasen ist das Wildkaninchen trotz der Ähnlichkeit im Körperbau nicht näher verwandt. Hauskaninchen zeigen noch viele Verhaltensweisen ihrer Vorfahren.

BAU

Je nach Untergrund legen Kaninchen ihren Bau zwei bis drei Meter unter der Erde an. Zentrum des weit verzweigten Gangsystems ist der Kessel, der eigentliche Wohnraum der Sippe. Der Nachwuchs kommt in Wurfhöhlen zur Welt. Wenn Gefahr droht, können die Tiere blitzschnell über senkrechte Fallröhren im Bau verschwinden.

BLICKFELD

Die seitlich und hoch am Kopf sitzenden Augen erlauben Kaninchen einen nahezu vollständigen Rundumblick, ohne dass sie den Kopf drehen müssen. Frühzeitiges Erkennen von Boden- und Luftfeinden ist für die wehrlosen Tiere eine wichtige Überlebensversicherung. Bewegungen werden auf große Distanz erkannt (Sehvermögen, → Seite 26).

BLINDDARMKOT

Kaninchen bilden zwei Arten von Kot, einen festen und pillenförmigen und den sogenannten Blinddarmkot. Er ist weich und klebrig und wird von den Tieren regelmäßig direkt vom After aufgenommen. An dieser Form der »Zweitverwertung« darf man Kaninchen nicht hindern, da der Blinddarmkot viele lebenswichtige Nährstoffe und Vitamine enthält.

DUFTSPRACHE

Gerüche spielen im Sozialleben der Kaninchen eine wichtigere Rolle als die Lautsprache (→ Seite 67). An den Duftstoffen der Leistendrüsen beiderseits der Geschlechtsöffnung erkennen sich die Gruppenmitglieder untereinander. Mit den Kinndrüsen wird eigener Besitz gekennzeichnet. Ranghohe Männchen markieren durch Bespritzen mit Urin sogar rangniedere Rammler, Weibchen und Jungtiere. Der Rammler bespritzt das Weibchen vor der Paarung ebenfalls mit Urin. Duftstoffe dienen auch der Markierung des Reviers (→ Seite 61).

FLUCHTVERHALTEN

Kaninchen haben viele Feinde. Da sie sich nicht zur Wehr setzen können, suchen sie ihr Heil in der Flucht. Außerhalb des Baus sichern die Tiere regelmäßig (Männchen machen, → Seite 28), bei Gefahr werden die Artgenossen durch Trommeln mit den Hinterläufen gewarnt und flüchten in den Bau. Gibt es keine Möglichkeit zur Flucht, stellt sich das Kaninchen tot (→ Seite 135).

FRUCHTBARKEIT

Anders als Wildkaninchen, deren Fortpflanzungsperiode von Februar bis zum Herbst dauert, können Hauskaninchen ganzjährig Kinder bekommen. Zwergkaninchen haben meist zwei bis vier Junge, größere Rassen sechs und mehr. Bei Wildkaninchen sind es jeweils drei bis vier bei bis zu sechs Würfen jährlich.

GESCHLECHTSREIFE

Im Vergleich zu größeren Kaninchen werden Zwergrassen recht früh – häufig bereits vor der 12. Lebenswoche – geschlechtsreif, die Weibchen meist vor den Männchen. Dabei hängt der Eintritt der Geschlechtsreife nicht nur von Rasse und Geschlecht, sondern auch von den Haltungsbedingungen und dem Futter ab. Da die körperliche Entwicklung in diesem Alter oft noch nicht abgeschlossen ist, sollten sehr junge Häsinnen keine Kinder haben.

GEBURT

Bei den Zwergkaninchen kommt der Nachwuchs oft nachts zur Welt. Die Geburt selbst läuft dabei normalerweise sehr rasch ab: Nicht selten werden innerhalb einer Viertelstunde vier Junge geboren. Die Neugeborenen sind blind und taub und völlig auf die Fürsorge ihrer Mutter angewiesen. Schon gut entwickelt ist jedoch ihr Geruchs- und Tastsinn, der ihnen den Weg zu den milchspendenden Zitzen weist.

HOPPELN

Hoppeln stellt eine Abfolge von Einzelsprüngen dar: Die kräftigen Hinterbeine sorgen für Schub, die Vorderbeine fangen den Sprung ab, und die Hinterbeine setzen dann vor den Vorderbeinen auf.

HÖRVERMÖGEN

Neben ihren guten Augen verlassen sich Kaninchen vor allem auf ihr feines Gehör. Die sehr beweglichen Ohren orten selbst leiseste Geräusche, sodass Feinde schon auf große Entfernung registriert werden. Ungewohnte Töne können Kaninchen in Panik versetzen.

KOMFORTVERHALTEN

Als Komfortverhalten bezeichnet man Verhaltensweisen, die dem Wohlbefinden und der Körperpflege dienen. Dazu gehört die ausgiebige Fellpflege, die ein Kaninchen mehrmals täglich praktiziert. Dem Wohlbefinden dient ein Bad in einer selbst gegrabenen Erdmulde ebenso wie das in der Sandkiste. Das Wälzen in Erde oder Sand massiert die Haut, beseitigt Juckreiz, entfernt Schmarotzer aus dem Fell und sorgt für etwas Abkühlung bei großer Hitze.

LAUTSPRACHE

Obwohl sich Kaninchen vornehmlich mit Geruchssignalen und ihrer Körpersprache verständigen, verfügen sie doch über eine Palette von Lautäußerungen. Um nicht mögliche Feinde anzulocken, sind die meisten Lautsignale sehr leise. Etwa das Mahlen mit den Zähnen als typischer Wohlfühllaut oder das Knurren und Grunzen, mit dem die Kaninchen ihren Unwillen kundtun. Weitere Lautsignale: Fiepen, Brummen, Fauchen, Zischen, Meckern sowie Quietschen und schrilles Schreien, wenn Tiere in Panik geraten.

MÄNNCHEN MACHEN

Ein Kaninchen macht Männchen, um zu sichern und die Umgebung zu kontrollieren. Dabei steht es auf den Hinterbeinen, weil es in dieser Körperhaltung besser sehen, hören und riechen kann. So nimmt es auch Duftspuren in höheren Luftschichten wahr, die ihm Feinde signalisieren, selbst wenn sie noch relativ weit entfernt sind. Bei verräterischen und unbekannten Wahrnehmungen gibt das sichernde Tier sofort Alarm.

PAARUNG

Ist die Häsin noch nicht in Paarungsstimmung, läuft sie immer wieder vor dem Männchen weg (Paarungsvorspiel). Erst wenn sie sich flach auf den Boden legt und das Hinterteil anhebt, darf der Rammler aufsteigen. Dabei legt er den Kopf an ihren Hals oder beißt sich in ihrem Nackenfell fest. Der Deckakt selbst ist eine Sache weniger Sekunden.

RANGORDNUNG

Kaninchenkolonien bestehen aus einzelnen Gruppen mit bis zu zehn Tieren. Die Weibchen sind in der Überzahl, Chef der Sippe ist aber ein Rammler, meist das älteste Männchen. Nach Rangordnungskämpfen zwischen den Männern muss sich der Unterlegene unterwerfen oder die Gruppe verlassen. Auch die Weibchen kämpfen eine Rangordnung aus.

REVIER

Kaninchen sind reviertreue Tiere. Das Revier bietet ihnen Schutz und Nahrung und sichert so das Überleben der Gemeinschaft. Wildkaninchen kennzeichnen die Grenzen ihres Reviers mit Urin und mit Kotpillen, denen ein Duftsekret aus den Analdrüsen beigemischt ist. Ein fremder Artgenosse, der sich in diesen markierten Bereich wagt, wird sofort attackiert und unnachgiebig verfolgt. Durch intensives Reiben mit dem Kinn markieren auch die Hauskaninchen regelmäßig Objekte, die sie als ihren Besitz betrachten, mit Duftstoffen der Kinndrüsen.

SEHVERMÖGEN

Das Kaninchenauge ist vor allem auf gute Fernsicht und das Erkennen selbst kleinster Bewegungen eingestellt. Zusammen mit dem großen Blickfeld (→ Seite 26) ist das die Voraussetzung, um Feinde und Gefahren möglichst früh auszumachen. In der Dämmerung sehen Kaninchen relativ gut, im hellen Sonnenlicht deutlich schlechter. Räumliches Sehvermögen ist in einem begrenzten Bereich möglich, Farben können unterschieden werden.

TOTSTELLEN

Wird ein Kaninchen von einem Angreifer gepackt, fällt es oft in einen Zustand der Starre. Dieses »Totstellen« verführt den Gegner nicht selten dazu, der vermeintlich toten Beute weniger Aufmerksamkeit zu widmen und seinen Biss oder Griff zu lockern. Das Kaninchen nutzt diese Gelegenheit, um sich in Sicherheit zu bringen.

TROMMELSUCHT

Klee, Kohl und andere Frischfuttersorten gehen leicht in Gärung über. Frisst ein Kaninchen zu viel davon, wird sein Magen durch die Gärgase aufgebläht und hart wie eine Trommel. Die Trommelsucht führt zu Unruhe, Atemnot und ernsten Kreislaufproblemen. Ohne sofortige Tierarzthilfe verläuft sie oft tödlich. Besonders gefährdet sind Tiere, die mit Beginn der warmen Jahreszeit zu schnell von Trockenfutter auf Frischfutter umgestellt werden.

TRÄCHTIGKEIT

Zwergkaninchen tragen ca. 31 Tage. Ab der 2. Woche nach der Befruchtung kann der Tierarzt im Ultraschall erkennen, ob das Weibchen aufgenommen hat und wie viele Jungen zu erwarten sind. Mit zunehmender Trächtigkeitsdauer werden manche Häsinnen aggressiver, andere wiederum träge. Das Weibchen trägt Nestmaterial zusammen und rupft sich Bauchwolle aus, mit der es sein Nest zusätzlich auspolstert.

VIBRISSEN

Vibrissen sind Tasthaare, die im Bereich von Mund, Nase, Wangen und Augen sitzen. Sie nehmen selbst leichteste Berührungen wahr und sind für die Tiere eine unverzichtbare Orientierungshilfe.

WURFGRÖSSE

Bei den Kaninchen hängt die Anzahl der Jungen eines Wurfs auch von der Körpergröße ab: Zwergrassen haben meist zwei bis vier Junge, größere Rassen hingegen bis zu zwölf. Die Wurfgröße von Mischlingen liegt meist über der reinrassiger Tiere.

ZÄHNE

Das Milchgebiss eines Zwergkaninchens hat 16 Zähne. Es wird drei bis fünf Wochen nach der Geburt vom bleibenden Gebiss mit 28 Zähnen ersetzt. Vorne sitzen die großen Nagezähne, vier im Ober- und zwei im Unterkiefer. Alle anderen Zähne sind Backenzähne, auf deren breiten Kauflächen die pflanzliche Nahrung zermahlen wird. Nagematerial und Heu sorgen dafür, dass sich die ständig nachwachsenden Nagezähne genügend abnutzen.

MAKING OF ...

Monika Wegler, geboren in Köln, absolvierte nach dem Gymnasium erfolgreich ihre Ausbildung zur Fotografin im Werbestudio von Agfa Gevaert. Seit 1983 arbeitet sie als selbstständige Fotografin und Autorin in München. Ihr Schwerpunkt sind Heimtiere. Sie hat mehr als 70 erfolgreiche Ratgeber illustriert und viele davon auch selbst geschrieben. Neben der Bucharbeit ist sie durch ihre beliebten Tierkalender und unzähligen Veröffentlichungen in Zeitschriften und in der Werbung weit über die Grenzen Deutschlands hinaus bekannt geworden. Wenn Sie mehr über die Fotografin und Autorin erfahren möchten, können Sie sich ausführlich auf ihrer Homepage informieren: www.wegler.de

Das Konzept Angefangen hat alles mit der Idee, einen Ratgeber zu schaffen, der das Zwergkaninchen einmal aus einem ganz anderen Blickwinkel zeigt. Eingebettet in ein großzügiges neuartiges Layout, unterstreichen doppelseitige Aufmacherfotos und Foto-Storys die Texte. In speziellen Geschichten spricht hier das Kaninchen zum Menschen und legt ihm seine speziellen Bedürfnisse dar. Ob es uns gelungen ist, liebe Leser, Ihnen auf diese Weise »den Schlüssel zur Seele« Ihres Zwergkaninchens näherzubringen, beurteilen Sie jedoch am besten selbst.

Fototipps Gleich, ob mit dem Handy, dem Smartphone, der Digicam oder einer anspruchsvollen DSLR-Kamera, das digitale Zeitalter eröffnet uns eine Viezahl neuer Möglichkeiten. Dennoch sind Zwergkaninchen keine einfachen Fotomodelle. Sie zeigen uns als Fluchttiere ihre Verhaltensweisen nur im vertrauten Umfeld. Und wenn die kleinen Zwerge einmal losspurten, dann so blitzschnell und kaum vorhersehbar, dass sie für Fotograf und Autofocustechnik gleichermaßen eine große Herausforderung darstellen. Hier einige Tipps aus meiner Praxis:

- Beginnen Sie mit ruhigen Szenen, etwa wenn die Kaninchen gerade fressen, relaxen oder miteinander kuscheln.
- Mit einem Telezoom kann man auch einen kleinen Zwerg aus unterschiedlicher Entfernung heraus näher ins Bild holen, ohne ihn dabei in seinem Verhalten zu stören.
- Achten Sie auf ruhige Hintergründe, damit nichts Störendes den Blick vom Tier ablenkt.
- Wer sich beim Fotografieren auf gleiche Ebene mit dem Kaninchen begibt, erreicht mehr Nähe zum Tier und eine natürlichere Perspektive.
- Um schnelle Sprints scharf abzulichten, benötigt man mindestens 1/1000 Sek.
- Keinem Tier bei schlechten Lichtverhältnissen direkt in die Augen blitzen! Vor allem das Kaninchen wird vom grellen Blitz völlig ungeschützt getroffen, da seine Pupillen stets weit geöffnet sind. Zum einen eine Qual für das Tier, zum anderen zerstört es zudem die gesamte Bildatmosphäre.
- Tierfotografie erfordert viel Geduld, Erfahrung und Wissen über die Verhaltensweisen des jeweiligen Modells. Also nicht entmutigen lassen, wenn Ihnen die Fotos anfangs nicht gleich gelingen.

Zum Schluss möchte ich noch all meinen Fellnasen, die mir Modell standen, danken. Angefangen von den Zwergkaninchen anderer Züchter und Halter bis hin zu meinen eigenen: Fridolin, Wuschi, Mück-Mück, Paulchen, Pumuckel, Krümel, Moni, Maxi, Hermann, Hermine und Schoko..

REGISTER

Halbfette Seitenzahlen verweisen auf Fotos. **U** = Umschlag vorne.

A

B

C

D

E

F

G

ADRESSEN, DIE WEITERHELFEN

Zentralverband Deutscher Rasse-Kaninchenzüchter e. V. (ZDRK),
Peter Mickmann, Mittelfeldweg 19 b, 27607 Langen, www.zdrk.de

Bundesarbeitsgruppe Kleinsäuger e. V., Binzer Str. 11, 04207 Leipzig (nur Fragen zur Haltung möglich), www.bag-kleinsaeuger.de

Rassezuchtverband Österreichischer Kleintierzüchter (RÖK),
Mollgasse 11–13, A–1180 Wien, www.kleintierzucht-roek.at

Rassekaninchen Schweiz,
c/o Armin Wyss, Sonnenau 125 a, CH–9108 Gonten, www.kleintiere-schweiz.ch

Deutscher Tierschutzbund e. V.,
Baumschulallee 15, 53115 Bonn, Tel. 0228-604960, Fax 0228-6049640, www.tierschutzbund.de, bg@tierschutzbund.de

Tierärztliche Vereinigung für Tierschutz e. V. (TVT), Geschäftsstelle: Bramscher Allee 5, 49565 Bramsche, www.tierschutz-tvt.de

Schweizer Tierschutz (STS),
Dornacherstr. 101, CH–4008 Basel, www.tierschutz.com, Beratungsstelle Tel. 0041-6-13659999, www.tierschutz.com

Österreichischer Tierschutzverein,
Berlagasse 36, A–1210 Wien, Tel. 0043-1-8973346-0, www.tierschutzverein.at

Bundesverband für fachgerechten Natur- und Artenschutz e. V. (BNA),
Ostendstr. 4, 76797 Hambrücken, www.bna-ev.de

Naturschutzbund Deutschland e. V. (NABU), Charitéstr. 3, 10117 Berlin, www.NABU.de, E-Mail: Service@NABU.de

Forschungskreis Heimtiere in der Gesellschaft,
Postfach 110728, 28087 Bremen, www.mensch-heimtier.de, info@mensch-heimtier.de

Industrieverband Heimtierbedarf (IVH) e. V., Emanuel-Leutze-Str. 1 b, 40547 Düsseldorf, www.ivh-online.de

Fragen zur Haltung von Zwergkaninchen beantworten
Ihr Zoofachhändler und der Zentralverband Zoologischer Fachbetriebe Deutschlands e. V. (ZZF), Tel. 0611-44755332, nur telefonische Auskunft: Mo 12–16 Uhr, Do 8–12 Uhr, www.zzf.de

Urlaubs-Beratungsservice des Deutschen Tierschutzbundes,
Tel. 0228-6049627, Mo–Do 10–18 Uhr, Fr 10–16 Uhr

HIER FINDEN SIE TIERÄRZTE IN IHRER NÄHE

Bundesverband praktizierender Tierärzte e. V. (bpt), Online-Tierärzteverzeichnis unter www.smile-tierliebe.de

Bundestierärztekammer e. V.,
Oxfordstr. 10, 53111 Bonn, www.bundestieraerztekammer.de

Gesellschaft für ganzheitliche Tiermedizin e. V. (GGTM), Mooswaldstr. 7, 79227 Schallstadt, www.ggtm.de
E-Mail: info@ggtm.de
Die GGTM vermittelt Tierärzte, die mit Naturheilverfahren arbeiten.

Kooperation deutscher Tierheilpraktiker-Verbände e. V., Geschäftsstelle: Fuchsbichl 62, 82057 Icking, www.kooperation-thp.de

ZWERGKANINCHEN IM INTERNET

Praxisinformationen zu Haltung, Pflege, Ernährung, Gesundheit und Zucht. Ausstellungs-Infos und Kaninchen-Foren:
www.kaninchen.at
www.kaninchenweb.de
www.kaninchen-online.de
www.kaninchenzucht.de
www.kaninchenschutz.de
www.kaninchen-infos.de
www.sweetrabbits.de
www.zwergkaninchen.info
www.zwergkaninchen.net

Gesunde Knabbereien, artgerechte Beschäftigung, Intelligenzspiele:
www.kaninchenladen.de
www.just4bun.de

Tipps zum Gehegebau:
www.kaninchengehege.de
www.kaninchengehege.com

Tipps zur Freilaufhaltung:
www.freilaufkaninchen.de

Notfallhilfe, Tiervermittlung, Patenschaften und Tierschutzarbeit:
www.bunnyhilfe.de
www.kaninchenhilfe.at
www.nagerstation.ch

Alles Wissenswerte über giftige Pflanzen in Haus und Garten:
www.giftpflanzen.ch

BÜCHER, DIE WEITERHELFEN

Boback, A. W.: Das Wildkaninchen. A. Ziemsen Verlag, Wittenberg Lutherstadt

Leicht, W.: Tiere der offenen Kulturlandschaft, Teil 1 – Feldhase und Wildkaninchen. Quelle und Meyer Verlag, Heidelberg

Linke-Grün, G.: 300 Fragen zum Zwergkaninchen. Gräfe und Unzer Verlag, München

Matthes, S.: Kaninchenkrankheiten – Leitfaden zur Erkennung und Bekämpfung. Oertel + Spörer Verlag, Reutlingen

McBride, A.: Kaninchen verstehen. Pala-Verlag, Darmstadt

Morgenegg, R.: Artgerechte Haltung – ein Grundrecht auch für (Zwerg-) Kaninchen. Kaufmann Verlag, Lahr

Müller, I.: Clickertraining für Kaninchen, Meerschweinchen & Co. Ulmer Verlag, Stuttgart

Niemczyk, K.: Spiel und Spaß mit Kaninchen. Books on Demand GmbH, Norderstedt

Schmidt, E.: Mein Kaninchen. Gräfe und Unzer Verlag, München

Scholz, H.-P.: Kaninchen-Kompass. Rassekaninchen auf einen Blick. Oertel + Spörer Verlag, Reutlingen

Weber, A.: Kaninchen – Homöopathie und Kräuteranwendung. Ennsthaler Verlag, Steyr

Wegler, M.: Mein Zwergkaninchen. Gräfe und Unzer Verlag, München

Wegler, M.: Kaninchen im Außengehege. Gräfe und Unzer Verlag, München

ZEITSCHRIFTEN

Kaninchenzeitung. Hobby- und Kleintierzüchter Verlagsgesellschaft, www.kaninchenzeitung.de

Rodentia. Fachzeitschrift für Kleinsäuger. Natur und Tier Verlag, Münster, www.ms-verlag.de

Ein Herz für Tiere. Gong Verlag, Ismaning, www.herz-fuer-tiere.de

Freude am Tier

GU Tierratgeber – damit Ihr Heimtier sich wohlfühlt

ISBN 978-3-7742-8834-8
144 Seiten

ISBN 978-3-8338-1207-1
144 Seiten

ISBN 978-3-7742-7362-7
48 Seiten

ISBN 978-3-8338-0407-6
256 Seiten

ISBN 978-3-8338-0520-2
64 Seiten

ISBN 978-3-8338-0866-1
64 Seiten

ISBN 978-3-7742-1243-5
64 Seiten

Das macht sie so besonders:

Rat vom Experten – bestens informiert
Gut versorgt – von Anfang an
Tolle Ideen – mit Wohlfühlgarantie

G|U

Willkommen im Leben.

DIE AUTORIN

Gabriele Linke-Grün arbeitet seit vielen Jahren als freie Journalistin für Tierzeitschriften und Schulbuchverlage. Für den Gräfe und Unzer Verlag ist sie als freie Redakteurin, Lektorin und Autorin tätig.

DIE FOTOGRAFIN

Monika Wegler dankt Autorin Gabriele Linke-Grün, Redakteurin Anita Zellner und Herstellerin Susanne Mühldorfer für Mitarbeit und Engagement. Alle Fotos in diesem Buch stammen von Monika Wegler.

DANK

Autorin und Verlag danken Ruth Morgenegg, Dr. Anne McBride, Priv. Doz. Dr. med. Birgit Drescher und Monika Wegler für die Expertentipps in »Nachgefragt«. Ebenso Prof. Dr. Christa Neumeyer von der Johannes-Gutenberg-Universität Mainz, die ihr Wissen über die wissenschaftlich belegten Erkenntnisse zum Thema Farbensehen des Kaninchens zur Verfügung stellte.
Mein besonderer Dank gilt meinen geliebten Eltern, die mir seit meiner Kindheit Achtung vor unseren tierischen Mitgeschöpfen vorgelebt und vermittelt haben. Dank auch an meine Familie und Freunde, für die ich in den letzten Monaten so wenig Zeit hatte.

WICHTIGE HINWEISE

Im Umgang mit Kaninchen kann es durch Kratzen und Beißen zu Verletzungen kommen. Lassen Sie solche Verletzungen vom Arzt behandeln. Menschen mit einer Tierhaar-Allergie sollten vor der Anschaffung eines Kaninchens den Arzt befragen. Um lebensgefährliche Stromunfälle zu vermeiden, darauf achten, dass die Tiere keine elektrischen Leitungen benagen können.

IMPRESSUM

Projektleitung: Anita Zellner
Idee und Konzept: Gabriele Linke-Grün, Monika Wegler, Anita Zellner
Bildredaktion: Gabriele Linke-Grün, Anita Zellner
Umschlaggestaltung und Layout: independent Medien-Design, Horst Moser, München
Herstellung: Susanne Mühldorfer
Satz: Ludger Vorfeld
Reproduktion: Longo AG, Bozen
Druck: Firmengruppe APPL, aprinta druck, Wemding
Bindung: Firmengruppe APPL, m.appl, Wemding

Printed in Germany

ISBN 978-3-8338-1718-2
1. Auflage 2010

Syndication:
www.jalag-syndication.de

GRÄFE UND UNZER

Ein Unternehmen der
GANSKE VERLAGSGRUPPE